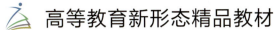

高等教育新形态精品教材

U0571757

景观设计

主编 杜雪

LANDSCAPE DESIGN

北京理工大学出版社
BEIJING INSTITUTE OF TECHNOLOGY PRESS

内容提要

本书从景观规划、生态设计和人性化设计理念入手，阐述了中国、外国近现代景观及园林的发展历史，全面介绍了景观环境设计的理论及其应用，具体介绍了景观设计的历史和发展、景观绿化设计，景观造园中水体、山石、建筑小品等的类型和设计原则，以及景观设计从平面到空间、从理论到实践的设计流程。全书穿插了国内外优秀的景观设计实例，有助于读者理解景观设计及其相关内容。

本书将景观规划理论与艺术表现相结合，将设计内容与工程实践紧密联系在一起，注重培养学生系统的景观设计理论知识与创新能力。本书可作为高等职业院校景观设计、环境艺术设计、空间设计及相关专业的统编教材，也可作为建筑学、城市规划、园林、园艺等专业工程技术人员的自学参考书。

图书在版编目（CIP）数据

景观设计 / 杜雪主编. -- 北京：北京理工大学出版社, 2021.7（2021.12重印）
ISBN 978-7-5763-0006-2

Ⅰ.①景… Ⅱ.①杜… Ⅲ.①景观设计 Ⅳ.①TU983

中国版本图书馆CIP数据核字(2021)第136512号

出版发行 / 北京理工大学出版社有限责任公司	
社　　址 / 北京市海淀区中关村南大街5号	
邮　　编 / 100081	
电　　话 / （010）68914775（总编室）	
（010）82562903（教材售后服务热线）	
（010）68944723（其他图书服务热线）	
网　　址 / http://www.bitpress.com.cn	
经　　销 / 全国各地新华书店	
印　　刷 / 河北鑫彩博图印刷有限公司	
开　　本 / 889毫米×1194毫米　1/16	
印　　张 / 7	责任编辑 / 孟祥雪
字　　数 / 195千字	文案编辑 / 孟祥雪
版　　次 / 2021年7月第1版　　2021年12月第2次印刷	责任校对 / 周瑞红
定　　价 / 45.00元	责任印制 / 边心超

总序 GENERAL PREFACE

20 世纪 80 年代初，中国真正的现代艺术设计教育开始起步。20 世纪 90 年代末以来，中国现代产业迅速崛起，在现代产业大量需求设计人才的市场驱动下，我国各大院校实行了扩大招生的政策，艺术设计教育迅速膨胀。迄今为止，几乎所有的高校都开设了艺术设计类专业，艺术类专业已经成为最热门的专业之一，中国已经发展成为世界上最大的艺术设计教育大国。

但我们应该清醒地认识到，艺术和设计是一个非常庞大的教育体系，包括了设计教育的所有科目，如建筑设计、室内设计、服装设计、工业产品设计、平面设计、包装设计等，而我国的现代艺术设计教育尚处于初创阶段，教学范畴仍集中在服装设计、室内装潢、视觉传达等比较单一的设计领域，设计理念与信息产业的要求仍有较大的差距。

为了符合信息产业的时代要求，中国各大艺术设计教育院校在专业设置方面提出了"拓宽基础、淡化专业"的教学改革方案，在人才培养方面提出了培养"通才"的目标。正如姜今先生在其专著《设计艺术》中所指出的"工业 + 商业 + 科学 + 艺术 = 设计"，现代艺术设计教育越来越注重对当代设计师知识结构的建立，在教学过程中不仅要传授必要的专业知识，还要讲解哲学、社会科学、历史学、心理学、宗教学、数学、艺术学、美学等知识，以培养出具备综合素质能力的优秀设计师。另外，在现代艺术设计院校中，对设计方法、基础工艺、专业设计及毕业设计等实践类课程也越来越注重教学课题的创新。

理论来源于实践、指导实践并接受实践的检验，我国现代艺术设计教育的研究正是沿着这样的路线，在设计理论与教学实践中不断摸索前进。在具体的教学理论方面，几年前或十几年前的教材已经无法满足现代艺术教育的需求，知识的快速更新为现代艺术教育理论的发展提供了新的平台，兼具知识性、创新性、前瞻性的教材不断涌现出来。

随着社会多元化产业的发展，社会对艺术设计类人才的需求逐年增加，现在全国已有 1400 多所高校设立了艺术设计类专业，而且各高等院校每年都在扩招艺术设计专业的学生，每年的毕业生超过 10 万人。

随着教学的不断成熟和完善，艺术设计专业科目的划分越来越细致，涉及的范围也越来越广泛。我们通过查阅大量国内外著名设计类院校的相关教学资料，深入学习各相关艺术院校的成功办学经验，同时邀请资深专家进行讨论认证，发觉有必要推出一套新的，较为完整、系统的专业院校艺术设计教材，以适应当前艺术设计教学的需求。

我们策划出版的这套艺术设计类系列教材，是根据多数专业院校的教学内容安排设定的，所涉及的专业课程主要有艺术设计专业基础课程、平面广告设计专业课程、环境艺术设计专业课程、动画专业课程等。同时还以专业为系列进行了细致的划分，内容全面、难度适中，能满足各专业教学的需求。

本套教材在编写过程中充分考虑了艺术设计类专业的教学特点，把教学与实践紧密地结合起来，参照当今市场对人才的新要求，注重应用技术的传授，强调学生实际应用能力的培养。而且，每本教材都配有相应的电子教学课件或素材资料，可大大方便教学。

在内容的选取与组织上，本套教材以规范性、知识性、专业性、创新性、前瞻性为目标，以项目训练、课题设计、实例分析、课后思考与练习等多种方式，引导学生考察设计施工现场、学习优秀设计作品实例，力求教材内容结构合理、知识丰富、特色鲜明。

本套教材在艺术设计类专业教材的知识层面也有了重大创新，做到了紧跟时代步伐，在新的教育环境下，引入了全新的知识内容和教育理念，使教材具有较强的针对性、实用性及时代感，是当代中国艺术设计教育的新成果。

本套教材自出版后，受到了广大院校师生的赞誉和好评。经过广泛评估及调研，我们特意遴选了一批销量好、内容经典、市场反响好的教材进行了信息化改造升级，除了对内文进行全面修订外，还配套了精心制作的微课、视频，提供了相关阅读拓展资料。同时将策划出版选题中具有信息化特色、配套资源丰富的优质稿件也纳入到了本套教材中出版，以适应当前信息化教学的需要。

本套教材是对信息化教材的一种探索和尝试。为了给相关专业的院校师生提供更多增值服务，我们还特意开通了"建艺通"微信公众号，负责对教材配套资源进行统一管理，并为读者提供行业资讯及配套资源下载服务。如果您在使用过程中，有任何建议或疑问，可通过"建艺通"微信公众号向我们反馈。

诚然，中国艺术设计类专业的发展现状随着市场经济的深入发展将会逐步改变，也会随着教育体制的健全不断完善，但这个过程中出现的一系列问题，还有待我们进一步思考和探索。我们相信，中国艺术设计教育的未来必将呈现出百花齐放、欣欣向荣的景象！

肖 勇 傅祎

"建艺通"微信公众号

前言 PREFACE ···○

作为从事多年景观设计教学的高校教师，一直希望指导学生将景观设计的理论知识与实际实践相结合，让学生的实战能力更强，更好地满足景观就业市场的需要。在这样的背景下，非常需要在市场上寻找一本理论和实践指导性较强，特别是能够包括一些景观绿化知识在内的教材来指导教学，方便景观设计初学者从景观设计的原理到景观植物的认知和选择，以及景观施工图基本识图知识的学习。但是经过多番寻找，一直没有找到比较可心的教材，这也是《景观设计》这本教材产生的最初原因。市面上有关景观表现和景观设计理论的书籍比较多样，在前辈和专业人士研究的基础上，编者将景观设计的基本知识、发展历程和绿化配置等内容进行整合和组织，结合教学经验，撰写了本书。

本书主要分为五章：

第一章是景观的发展史和基本知识。这部分内容是将中国景观和园林的发展史进行了梳理。选出具有重要意义、对后世影响深远的造景处理方法，并结合历史发展的背景进行阐述。同时，也将国外不同时期和不同地域的景观特征和造景手法进行了列举和说明，让读者加深对景观的认识，了解景观在不同地域和文化背景下的不同形式。

第二章主要针对植物配置进行介绍。植物的选择比较侧重于北方的，属于比较常见的树种。南方的树种更加丰富一些，花卉的选择也更多，作为基础性的植物配置讲解，这里着重筛选了比较常见的乔木、灌木、藤本植物和花卉。在书中对植物的布局和设计也做了理论上的讲解和举例，便于读者形成比较立体的植物空间认知。

第三章主要是对景观筑山理水和建筑物进行了说明。筑山、理水、建筑物和植物配置是景观设计的重要元素。在第三章的内容中，先介绍不同形式和形态的要素特征，然后结合实践经验，对元素进行筛选，对常见的景观要素进行说明。

第四章和第五章是对施工图和实例做了一些举例和说明。这两章主要是在以上三章理论知识学习的基础上，结合实例和景观施工图的基本知识，将理论与实践进行结合。

本书希望能够为景观设计初学者和努力学习景观设计、渴望更深层认识和理解景观设计的人士提供参考。感谢在本书编写过程中提供帮助和支持的各位朋友。感谢选择此书的读者对本书的信任，第5章第三节内容由吕嘉鑫同学提供在此感谢吕嘉鑫同学的分享。

景观设计是不断发展和进步的学科，书中难免存在不足之处。如得专家、同行业者提出批评指正，将不胜感激。

编　者

目录 CONTENTS ....◎

绪　论

一、景观设计概述

景观设计和建筑设计、城市规划设计共同属于空间设计体系，是对室外环境进行景观和小区域规划的学科。景观设计主要是对室外空间进行绿化，对水体、自然生态进行设计，形成供人们游憩、休闲、交往的活动场所。景观设计包括城市公园绿化设计、风景区设计、广场景观设计、街道景观设计、庭院设计等（图0-1）。景观设计需要对地形地貌、场地高差、植物配置、水体、硬质铺装等内容进行设计和规划。

景观设计与建筑设计、室内设计、城市规划设计密不可分。

首先，建筑设计完成后所余下的基地面积才是景观设计可用的面积，景观设计需要与建筑设计紧密结合，建筑风格与景观风格应互相协调，植物的高度与形态需要和建筑的比例得当。

其次，景观设计不仅包括室外植物和景观的设计，还包括室内小环境的设计，特别是餐饮空间、办公空间中经常需要小环境来塑造空间氛围（图0-2）。

此外，城市规划设计也与景观设计密不可分，市政环境的设计是城市设计中的重要内容，需要对植物配置和市政设施的设计有更深层次的认知，才能塑造良好的城市景观。

图 0-1　公园景观设计

图 0-2　商业小环境景观设计

二、景观设计师

景观设计师是从事景观设计的技术人员，根据设计的不同阶段可分为设计负责人、景观方案设计师和景观施工图设计师三类。设计负责人统管设计进度、与委托方沟通、协调具体的方案和施工图设计工作，同时把控设计质量，与施工方配合做好现场工作。

景观方案设计师主要的责任是做好现场的勘察，掌握国家的标准和规范，熟悉设计技术的要点，合理安排功能布局、流线交通，与委托方形成良好的沟通。在方案的设计过程中，会进行方案成本的审核和分析，为了确保方案具有可行性，在工程成本可控的情况下展开方案设计（图0-3）。

景观施工图设计是在方案经过委托方确认后，进行深化、细致，绘制能够指导施工图纸的过程。景观施工图设计师需要与施工现场进行及时沟通，解决现场情况与施工图对接过程中出现的问题。景观施工图设计师还要实时监督现场是否按照施工图的内容进行施工，及时纠正和指导现场的景观施工。

图 0-3　居住区景观设计

三、景观设计的基本功能

景观设计的基本功能可以概括为使用功能、生态功能和历史文化的保护功能。

1. 使用功能

景观设计的使用功能是指通过空间布局、绿化布置、动线设计达到的能满足使用者对空间的使用需求的功能，如公园景观设计应能够满足儿童及青少年、老年人等不同年龄层次的人群的休闲需求；生态景观设计应能够提供植物群落，保证优良的生态系统；老年人景观设计应采用无高差设计，景观坡道、风雨长廊等应便于老年人行动等。景观设计师为了能够提供给使用者舒适的景观空间，应掌握人体工程学、行为学、心理学等相关内容，对老年人、儿童等身体和行为尺寸进行掌握，并掌握设施设备的设计尺寸（图0-4）。使用功能是景观设计最基本的功能，是对场地设计改造和规划的根本目的。

图 0-4　老年人居住区景观设计

2. 生态功能

景观设计的生态功能是建立在生态系统之上，维护和保持生态平衡的非建筑空间设计理念。以水池的建设为例，水池中的藻类鱼类、水池边的植物均属于同一个生态系统，设计水池不仅要让水池边上的植物漂亮，还要保证水中的鱼类能够存活，形成一个良好的生态系统。

景观设计应使所设计区域的生态环境形成更加完整、良好的生态循环系统（图0-5），在优化原有区域的生态环境的同时，不能破坏、伤害原有的生态环境，应保护原始环境中的树木、植被。

图 0-5　麦田中的餐饮景观

3. 历史文化的保护功能

人们对历史文化的研究越来越多，进而对历史建筑及历史建筑周围的景观也越来越关注。景观设计应在保护历史建筑本身的同时，从整体出发，进行整个区域的环境景观设计，以达到保护历史文化价值的目的。

一个城市或一个区域的历史文化建筑是时代的见证。在进行历史文化建筑及其环境保护过程中，应进行有效的再利用，根据"修旧如旧"，尊重环境、尊重历史、尊重文化的原则，保护历史文化环境中的原有景观（图0-6）。特别是历史建筑、文化古迹是一个时代、社会的缩影，应着重进行保护。

图 0-6　意大利鸟瞰

4. 景观设计对象

《城市绿地分类标准》（CJJ/T 85—2017）中对绿地的部分分类见表 0-1。

表 0-1　《城市绿地分类标准》（CJJ/T 85—2017）中对绿地的部分分类

类别代码			类别名称	内容	备注
大类	中类	小类			
G1	G1		公园绿地	向公众开放，以游憩为主要功能，兼具生态、景观、文教和应急避险等功能，有一定游憩和服务设施的绿地	
	G11		综合公园	内容丰富，适合开展各类户外活动，具有完善的游憩和配套管理服务设施的绿地	规模宜大于 10 公顷①
	G12		社区公园	用地独立，具有基本的游憩和服务设施，主要为一定社区范围内居民就近开展日常休闲活动服务的绿地	规模宜大于 1 公顷
	G13		专类公园	具有特定内容或形式，有相应的游憩和服务设施的绿地	
	G13	G132	植物园	进行植物科学研究、引种驯化、植物保护，并供观赏、游憩及开展科普等活动，具有良好设施和解说标识系统的绿地	
		G133	历史名园	体现一定历史时期代表性的造园艺术，需要特别保护的园林	
		G134	遗址公园	以重要遗址及其背景环境为主形成的，在遗址保护和展示等方面具有示范意义，并具有文化、游憩等功能的绿地	
		G135	游乐公园	单独设置，具有大型游乐设施，生态环境较好的绿地	绿化占地比例大于或等于 65%
		G139	其他专类公园	除以上各种专类公园外，具有特定主题内容的绿地，主要包括儿童公园、体育健身公园、滨水公园、纪念性公园、雕塑公园及位于城市建设用地内的风景名胜公园、城市湿地公园和森林公园等	绿化占地比例宜大于或等于 65%
	G14		游园	除以上各种公园绿地外，用地独立，规模较小或形状多样，方便居民就近进入，具有一定游憩功能的绿地	带状游园的宽度宜大于 12 m；绿化占地比例大于或等于 65%
G3			广场用地	以游憩、纪念、集会和避险等功能为主的城市公共活动场地	绿化占地比例宜大于或等于 35%；绿化占地比例大于或等于 65% 的广场用地计入公园绿地
RG			居住用地附属绿地	居住用地内的配建绿地	

---

① 1 公顷 = 10 000 m²。

第一章 | 中外景观发展史

1. 掌握中国景观园林的发展历史，了解中国景观园林发展史中的重要造园手法。
2. 掌握外国景观设计的文化背景和发展特点，对特定地域的景观设计形成认识。
3. 了解近现代国内外景观发展历史。

在欧洲，"景观"一词最早出现在希伯来文的圣经《旧约全书》中，含义同汉语中的"风景""景致""景色"相一致，等同于英语的"scenery"，都是视觉美学意义上的概念。近现代由于学科分类更加精细，景观被定义为一个地表景象，综合自然地理区的代名词，如城市景观、森林景观、人文景观、生态景观等均为景观的范畴（图1-1）。现代景观学中的"景观设计"被译为"landscape design"，更加强调了人工在景观中的作用（图1-2）。在中国古典园林的发展中，景观与园林相依相辅，不可分割，从早期的苑囿形态转化为后期成熟的景观园林形态，成为世界园林中的瑰宝。

世界古园林四大体系分别为中国自然山水园、意大利台地式别墅园、法国宫廷式花园和英国自然风景式园林。每个园林体系都有自己独特的发展特点，只有认识一个体系的发展历史，才能更好地了解园林景观的特点和形成原因。

景观的发展史和园林的发展史是紧密结合在一起的，特别是中国园林和景观的发展，一直紧密相联、不可分割。

图1-1　仙本那自然景观

图1-2　埃及海岸景观

第一节　中国景观及园林发展

中国景观及园林作为世界景观及园林以及建筑体系的重要组成部分，散发着独特的艺术魅力。区别于西方景观与园林发展，中国园林讲究"虽由人作，宛自天开"的艺术效果，追求更加贴近自然的处理手法，常常应用地形、原有的山水和特有的自然优势进行园林及景观的综合营造。现存的中国古典园林实例较多，如苏州的拙政园（图1-3）、留园（图1-4）等都是利用自然条件进行园林景观设计的优秀实例，但是由于历史和社会发展等多方面原因，园林景观原貌中的部分内容已经遭到破坏甚至消失。因此，在学习中国古典园林发展历史的时候，需要依据部分书籍的描述和现存园林景观的实例进行造园理论的推演，通过想象还原历史上的园林景观。中国古典园林蕴含了劳动人民的智慧与勤劳，折射出古人"天人合一""顺应自然"的价值观。"天人合一"是指人与自然的和谐统一，包括审美意识层面的统一。具体来讲，"天人合一"还应该指尊重和效法更为重要的天道自然，不应横加干涉万物的自然生长，致使其受到伤害或夭折；不占有，不自恃，不主宰，顺应四时的自然规律，不应与自然争优胜，而应消除对立，进而与天地万物合而为一。

最初的园林只是古代的人们领地划分和使用的一种形式。随着人类社会的发展、文明的进步，园林景观的文化性和实用性都得到了提升，促进了中国古典园林文化的发展。不同时期的文化差异明显，这也深深地影响了中国古典园林景观在表现形式上的差异性发展。

中国古典园林与中国画具有同样的美学气质，注重自然美，关注人与自然的和谐统一、情感上的相互交流（图1-5至图1-7）。中国古典园林发展大致可以分为三个阶段：第一个阶段为先秦至汉时期，为园林萌生和开始发展的阶段；第二个阶段为魏、晋、南北朝至隋、唐时期，为园林艺术发展、开拓、突飞猛进的阶段；第三个阶段为宋、元、明、清时期，为古典园林的成熟和鼎盛时期。

图1-3　拙政园鸟瞰

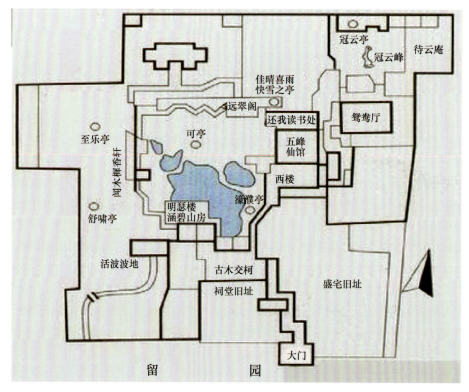

图 1-4 留园平面图

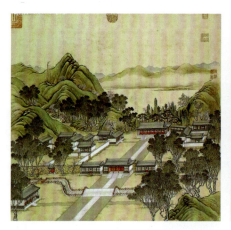

图 1-5 圆明园四十景图－正大光明

图 1-6 圆明园四十景图－碧桐书院

图 1-7 圆明园四十景图－茹古涵今

一、先秦至汉时期

先秦时期属于奴隶社会，社会等级分化严重，人们生活分工明确，统治阶级兴狩猎活动。在狩猎过程中，起初是在自然的区域内划定一个范围作为狩猎区域，被称为"囿"。而随着社会的不断发展变化，到汉时期，园林景观也得到了发展，在狩猎的边界修筑了围墙，狩猎区域被称为"苑"。后来人们经常将"苑"和"囿"合起来称为"苑囿"，泛指有围墙的，可以供狩猎、观赏植物的园林。先秦及汉代苑囿以物质资料生产为主，兼有游赏功能，多选择动植物等资源丰富的区域，主要供祭祀活动及宾客宴请使用，是中国园林的初始形态。其后，苑囿性质逐渐变化，其主要功能逐渐由物质生产功能转变为游赏功能。

　　先秦时期，园林设计中已经出现了行道树，并按照每 8 m 一树的标准种植。在此期间，秦始皇为了寻求长生不老的办法，派徐福出海寻找仙山，并命人在皇家园林中设置"一池三山"，分别代表太液池和方丈、蓬莱、瀛洲三座仙山，以此表达对长生的向往。这种"一池三山"的做法对后世影响深远，成为后世追求长寿的一种造园手法。清乾隆时期改建颐和园，为了表现皇权的至高无上，就采用了"一池三山"的手法（图1-8）。

图1-8　颐和园平面图

　　汉时期，园林不再仅仅依托于自然，而是逐渐加入人工设计形成专门化，其中最具代表性的建筑有汉武帝的上林苑。上林苑中有众多来自全国各地的奇花异草，鹿观、虎圈观里的动物数不胜数。上林苑是早期比较完整的园林代表。司马相如在其著名的《上林赋》中，曾以宏大的气魄对上林苑做了淋漓尽致的艺术颂扬：

　　　　独不闻天子之上林乎？左苍梧，右西极，丹水更其南，紫渊径其北。终始灞浐，出入泾渭……离宫别馆，弥山跨谷；高廊四注，重坐曲阁……

　　但是唯一的不足之处就在于当时中国园林还处于发展阶段，并没有一定的规划设计，所以建筑规划与园林的协调性不够完善。

二、魏、晋、南北朝和隋、唐时期

　　汉末至魏、晋、南北朝是中国历史上最混乱的一段时期，社会动荡，连年战乱。但是这一时期艺术上呈现出自由解放、活泼生动的景象，园林由此得到了进一步的发展。

　　汉末至隋朝四百年的时间里，由于社会长期处于分裂、动荡和不安的状态，人们更加向往和平和安宁的生活，在园林中体现了"隐逸""归隐"的思想。晋代著名的田园诗人陶渊明的诗作对园林影响较大，如《归园田居·其一》中写道：

　　　　少无适俗韵，性本爱丘山。误落尘网中，一去三十年。羁鸟恋旧林，池鱼思故渊。开荒南野际，守拙归园田。方宅十余亩，草屋八九间。榆柳荫后檐，桃李罗堂前。暧暧远人村，依依墟里烟。狗吠深巷中，鸡鸣桑树颠。户庭无尘杂，虚室有余闲。久在樊笼里，复得返自然。

　　陶渊明笔下的这种恬淡宁静、怡然自乐的"不戚戚于贫贱，不汲汲于富贵"（《五柳先生传》）的生态意识和美学思想对后世影响深远，直至明、清时代，还有很多江南园林以其诗文命名，如"归园田居""桃园小隐""五柳园""耕隐草堂"等。

　　早期园林中的动物供狩猎之用，到了汉代，园林中的禽兽像园林中的金玉一样，作为炫耀财富的形式而存在。魏、晋以来，随着审美意识的提升，人们开始表现出对包括植物在内的山水自然美及园林中的动物的欣赏。动物不再作为狩猎的对象而存在于园林，而是被当作欣赏的对象而存在，这种变化不仅是园林审美意识的一个飞跃，还是生态文明的一大进步。

南北朝时期，私家园林大量涌现，此时寺庙园林也开始兴盛，呈现园林蓬勃发展的盛况。文人雅士经常将梅、兰、竹、菊作为气节高尚的象征，在园林中种植。至今"宁可食无肉，不可居无竹"（图1-9）的思想仍然影响着景观的设计。

图1-9　庭园中种植竹子

隋炀帝时曾兴建西苑。《资治通鉴·隋纪·隋纪四》曾描述"五月，筑西苑，周二百里……宫树秋冬凋落，则剪彩为华叶，缀于枝条，色渝则易以新者，常如阳春……"，秋冬期间剪彩为花叶以假充真，侧面反映了园林中对花木的观赏多于对禽兽的观赏。

唐朝时期，中国的园林美学进入了形成时期。这个时期的园林景观在建造中呈现出游乐和观赏的作用，在布局和设计中呈现出更融洽的景象，同时也发挥了休憩和赏乐的功能。这时候的园林美学开始注重与自然相结合。园林景观在发展创新中强调人与自然相和谐，追求人与自然相融合的意境、顺应自然发展的美学思想。唐朝时期大兴佛寺道观，寺庙园林成为这一时期园林设计的重要组成部分。

三、宋、元、明、清时期

宋代的宅园在数量、规模上都得到了发展。就江南宅园来讲，一方面都城的王侯宅第园林兴建极多，正如宋代诗人陆游《南园记》中所说"自绍兴以来，王侯将相之园林相望"；另一方面，非王侯将相的园林也大量出现。宋代周密《吴兴园林记》中描述仅湖州私家园林代表作就有36个。最具代表的要数宋徽宗的御花园"艮岳"。艮岳非常注重石材的选择和应用，艮岳之中的大部分奇石因为战争流落各处，瑞云峰、玉玲珑（图1-10）、皱云峰、冠云峰等均为当时的名石。

图1-10　玉玲珑

艮岳构造融洽、结构合理，整个建筑中美学与建筑学完美地融合在一起。张淏《艮岳记》中写道："竭府库之积聚，萃天下之伎艺，凡六载而始成。"艮岳聚集了当时先进的技艺和丰富的材料，建造了有山有水，秀美隽丽，有错石树峰、令人眼花缭乱的鲜花嫩草，又有宫殿亭阁高错相间的皇家园林，可谓唐宋时期中国古典园林美学中的代表作。

元、明、清时期中国古典园林已经发展成熟，无论是从造园的技术和造园的表现上都展现出旺盛的生命力。由于明清时期社会发展较为完善，社会性质与文化发展强盛，人民生活质量和水平颇高并且社会大环境较为安定，园林体系具有的风格特征也基本形成（图1-11、图1-12）。著名的北京"三山五园"（"三山"是指万寿山、香山、玉泉山，"五园"是指颐和园、静宜园、静明园、畅春园和圆明园）（图1-13）为皇家园林的代表。

图 1-11 明清宫殿广场

图 1-12 明清
建筑细部

图 1-13 圆明园现状

颐和园原名"清漪园",坐落在北京西郊,是与圆明园毗邻的皇家园林(图 1-14)。它是以昆明湖、万寿山为基址,以杭州西湖为蓝本,汲取江南园林的设计手法而建成的一座大型山水园林,也是保存最完整的一座皇家行宫御苑,被誉为"皇家园林博物馆"。颐和园不仅体量大,而且将自然的生态系统进行了合理的规划。园中水为流动的活水,可以自循环,保证了水质,可谓将真山真水融入了园林设计中。

明清时期私家园林如苏州的拙政园(图 1-15)、留园(图 1-16)等都是典型代表。明清私家园林讲究堆山置石、体量有限,擅长使用轴线和行进曲线达到"曲径通幽"的效果。除此之外,对私家园林的描述还在部分文学作品中得以体现,《红楼梦》中对于怡红院的描写就能够侧面反映明清时期的园林景观设计(图 1-17):

图 1-14 颐和园

图 1-15 拙政园

图 1-16 留园

图 1-17 怡红院假想图

【第二十六回】贾芸入怡红院访宝玉："只见院内略略有几点山石，种着芭蕉，那边有两只仙鹤在松树下剔翎，一溜回廊上吊着各色笼子，各色仙禽异兽，上面小小五间抱厦，一色雕镂新鲜花样槅扇，上面悬着一个匾额，四个大字提到'怡红快绿'。"

【第四十一回】刘姥姥入怡红院："及至到了房舍跟前……忽见一带竹篱……顺着花障去了，来到了一个月洞门进去，只见迎面忽有一带水池，只有五六尺宽，石头砌岸，里面碧清的水，流往那里去了，上面一块白石横架在上面……便渡过石来，顺着石子甬路走去，转了两个湾子，只见有一房门，于是进了房门。"

由此可见，明清时期私家园林及景观已经能够综合植物、动物、山石、水景营造出曲折旖旎的景致。

除了园林，在园林中还有一些有代表性的景观：

（1）曲水流觞。曲水流觞原是中国古代汉族民间的一种传统习俗，后来发展成为文人墨客诗酒唱酬的一种活动。具体为大家坐在河渠两旁，在上流放置酒杯，酒杯顺流而下，酒杯停在谁的面前，谁就取杯饮酒，意为除去灾祸不吉（图1-18）。明清时期对其进行了更加精致的设计，将曲水流觞的形式与建筑进行了结合。现乾隆花园中的曲水流觞亭是典型代表（图1-19）。

图1-18　曲水流觞绘画

图1-19　乾隆花园中的曲水流觞亭

（2）知鱼槛。知鱼槛为方形亭式水榭，歇山顶，三面临水（图1-20）。由于其临水处的坐身栏板上置吴王靠，故游人可以舒服地坐倚于此，欣赏水中的游鱼。"知鱼槛"名字出自《庄子·秋水》篇，该篇记载了战国时庄子和惠子在濠水边的一段有趣的哲学对话——庄子说："水中那从容游着的鱼，是鱼的快乐。"惠子反问："你不是鱼，怎么知道鱼的快乐呢？"庄子反驳道："你不是我，又怎么知道我不知道鱼的快乐呢？"后世觉得这个故事很有趣，而且故事中又体现了文人哲学辨认的思维方式，便模拟庄子与惠子争论的场景设计景观，进行文人雅士景观氛围的营造。

图1-20　知鱼槛

综合上述内容，明清园林与景观的特点可以概括为以下几点：

（1）功能全。相比之前仅供休憩和供赏的园林，现在的园林建筑更多地用在受贺、种花、礼佛、读书、游园、居住等娱乐上，功能可谓应有尽有。如颐和园的苏州街，就是典型实例。苏州街虽然是皇家园林，但是仿照苏州市井街景而修建的，更有生活气息，当时承包了帝王出行游玩的全部活动。也正是由于此原因，园林建筑的建造规模也在不断地扩大和完善，以满足统治者的需求。

（2）形式多样化。在发展中它吸收了各个地区的地方特点和各个民族的民族风格，既有殿堂楼阁，又有幽尼佛寺；既有粉墙石垣，又有竹篱泥笆，各种模式灵活多变，建造中随处点缀。最具代表的特色建筑即《红楼梦》中的大观园，一园之内万种气象。

（3）艺术性强。在园林建筑中把景物的风格、布局，借用多种手法结合在一起，如移步借景、动静结合等。各种建筑形式融为一体，水景、石材、植物的精心安排和建筑物的组合使园林美学文化的艺术感越来越强。

在清朝中叶至清末园林鼎盛发展的后期，在社会经济十分繁荣，封建社会趋于解体、外国列强入侵的社会大环境下，中国古典园林开始融入外国元素，如圆明园大水法等景观建筑，让中国古典园林与景观的发展呈现出国际化和多元化的特征。

在园林景观发展的成熟期，将中国景观园林内容概括为筑山、理水、植物配置和建筑四个要素，这四个要素的设计和应用将结合实例在后续的章节中进行详细的介绍。

第二节　外国景观及园林发展

一、古埃及园林及景观

古埃及是世界最早具有园林文化的国家，由于地理环境的影响，古埃及缺少木材、盛产石材，再加上每年尼罗河的泛滥，使古埃及人在与自然长期的斗争中掌握了精确的几何学、测量学和建筑学（图1-21～图1-25）。古埃及人在设计园林时经常采用线性布局，中央布置水池，沿着水池四周规则地排列植物，园林平面布局高度对称。同时，为了防风固沙和躲避酷热，在园林景观设计中注重树荫的设置（图1-26）。由于古埃及人信仰重生，故在园林景观植物的选择上，非常重视植物的实用性和象征性。比如纸莎草，象征复活；石榴，象征繁殖力；棕榈，象征宗教世界。

图1-21　埃及柱式

图1-22　古埃及柱式柱头　　图1-23　古埃及柱式上部　　图1-24　古埃及风光

图 1-25　古埃及神庙

图 1-26　古埃及景观

二、古西亚新巴比伦空中花园

古西亚位于两河流域，由于长期的战争，人民见惯了生与死，对永恒和长生没有执念，因此建造的宫殿多于陵墓和神庙。古西亚缺少木材、石材，盛产黏土。在这种环境下，景观多以黏土砖进行建造。这一时期的园林和景观的代表为新巴比伦的空中花园（图 1-27）。空中花园为公元前 6 世纪巴比伦王国的尼布甲尼撒二世在巴比伦城为其患思乡病的王妃修建的。王妃的家乡为山区，喜欢从高处远眺，而新巴比伦城地处平原，为了将宫殿修建成山体的形式，采用立体造园手法建设花园。将花园放在四层平台之上，由沥青及砖块建成，平台由 25 m 高的柱子支撑，并且有灌溉系统。园中种植各种花草树木，远看犹如花园悬在半空中，由此得名"空中花园"。空中花园是人造景观的重要作品，表现了古西亚人卓越的造景想法和成熟的建造技术。

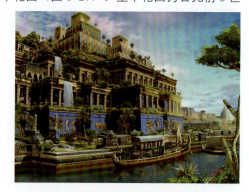

图 1-27　新巴比伦的空中花园

三、古希腊雅典卫城

古希腊地处群岛，人文情怀浓烈，向往自由和人性表达。雅典卫城是雅典自由民根据祭祀路线修建的建筑群，从布局上，室外的雕塑与建筑形成组织有序的人文景观。古希腊信仰希腊神话，认为每一个建筑、每一个区域，甚至每一个人都有保护神在保护着自己。雅典的保护神是雅典娜，因此在雅典卫城的设计上，形成从卫城山门到室外雅典娜雕像，再从雕像到帕提农神庙，再从帕提农神庙到伊瑞克提翁神庙女像柱这种"建筑—雕像—建筑"的空间实体之间的转换（图 1-28、图 1-29）。

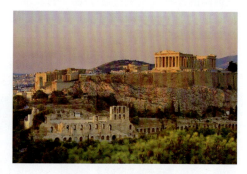

图 1-28　雅典卫城远景

图1-29　雅典卫城

四、古罗马广场及花园

古罗马建筑区别于古希腊建筑的唯美，更注重实用性，在园林和景观的设计中也非常注重使用的舒适感。由于气候条件和地势的特点，古罗马的园林多建在城市郊外依山临海的坡地上，将坡地分成不同高程的台地，各层台地分别布置建筑、雕塑、喷泉、水池和树木，用栏杆、台阶、挡土墙把各层台地连接起来，使建筑同园林、雕塑、建筑小品融为一体。园林中的地形处理、水景、植物都呈规则式布局。树木修剪成为绿丛植坛、绿篱、各种几何形体和绿色雕塑。园林建筑有亭、柱廊等，多设在上层台地，可居高临下，俯瞰远景。有的园林中还设有蔷薇园、迷园等，以及用云母片覆盖的温室。古罗马景观园林以哈德良离宫最为著名（图1-30、图1-31）。园中水景、建筑廊道、雕塑结合在一起，仿佛人间的神明花园。古罗马皇帝尼禄的金屋园则是另一种风格，规模很大，内有人工湖、耕地、牧场、森林、葡萄园等，形成田园风光。古罗马园林对意大利文艺复兴时期的台地园有很深远的影响。

图1-30　哈德良离宫

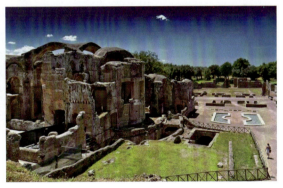

图1-31　哈德良离宫远景

五、日本园林枯山水、平庭、茶庭

1. 枯山水

日本在平安时代（相当于中国北宋时期）由于京都山水优美，都城里多天然的池塘、涌泉、丘陵，土质肥沃，树草丰富，岩石质良，再加上对中国建筑及园林的模仿，出现大量以真山真水为主进行设计的池泉筑山庭。但是由于战争、文化等多种原因，公元14—15世纪日本室町时代，在池泉筑山庭的基础上（图1-32），发展出了追求禅宗意境的枯山水。枯山水多以白沙、石块和枯树进行景观营造。枯树由于没有四季变化，有时间静止的意境。现代设计中，枯山水仍被广泛使用。

龙安寺南庭是日本枯山水的代表作（图1-33）。这个平庭长28 m，宽12 m，一面临厅堂，其余三面围以土墙。庭园地面上全部铺白沙，除了象征佛家"八山九海"的15块石头以外，没有任何花草树木。用白沙象征水面，以石头的组合、比例，向背的安排来体现岛屿山峦，于咫尺之地幻化出千顷万壑的气势。枯山水仅用于观赏，不能供人在里面活动。

图 1-32　桂离宫池泉筑山庭　　　　　　　　　图 1-33　日本龙安寺枯山水

　　枯山水很讲究置石，主要是利用单块石头本身的造型和它们之间的配列关系。枯山水多见于寺院，后来被广泛应用于庭园造景。日本景观中设置鲤鱼石也是非常标志性的设计，鲤鱼被寓意为有志气、有灵性的动物形象。传说中国山西省黄河的上游有个叫"龙门瀑"的地方，由于瀑布的水分成三级流下，故也称为"三级龙门"。相传成千上万的鲤鱼云集在瀑布口，试图翻越瀑布，由于水势急，鲤鱼一般都游不到上游，如果有鱼能跳跃龙门就可羽化成龙。人们通常认为鲤鱼跳龙门有飞黄腾达、得偿所愿、志向高远的意义，因此被应用于庭园景观中。日本金阁寺、天龙寺中都有鲤鱼石的设置（图 1-34）。自镰仓时代以后，这种鲤鱼石的形状逐渐退化，越来越小。日本园林景观中常见白沙、石灯笼、篱笆等（图 1-35、图 1-36）多种造园景观小品，对现代景观设计影响深远。

图 1-34　鲤鱼石　　　　　　图 1-35　篱笆　　　　　　图 1-36　石灯笼

2. 平庭

　　平庭是指在平坦的基地上进行规划和建设的园林。一般在平坦的园地上表现出一个山谷地带或原野的风景，用各种岩石、植物、石灯和溪流配置在一起，组成各种自然景色。根据平庭使用材质的不同而有以苔藓为造景植物的苔庭，以白沙铺地的沙庭、石庭等。"平"通"坪"，意思是指周围被建筑物或围墙包围着的狭小空间（图 1-37）。1 坪表示 6 日尺见方的空间，大约等于 $3.305\ 8\ \mathrm{m}^2$。平庭常使用紫藤、胡枝子、梧桐等植物进行装点。日本宫殿和住宅的狭小空间处经常设置平庭。

3. 茶庭

　　日本桃山时代（相当于中国明朝时期），伴随着茶艺的兴盛，茶庭顺应发展，面积不大，单设或与庭园其他部分隔开。四周围

图 1-37　日本平庭

以竹篱，有庭门和小径通到最主要的建筑，即茶汤仪式的茶庭（图1-38）。茶庭面积虽小，但能表现出自然的、幽美的意境，便于人们冥想，使人们感觉进入茶庭后好似远离凡尘一般。庭中主要栽植常绿树，庭地和石上都要长有青苔（图1-39）。忌用花木，一方面是出于对水墨画的模仿；另一方面，在用无色表现幽静、古雅情感方面也有其积极意义。茶庭中常见的水井、过滤水的竹制器皿都别具一格。

图1-38　茶庭

图1-39　茶庭小景

六、英国自然风景园

英国自然风景园是指英国在18世纪发展起来的自然风景园。这种风景园以开阔的草地、自然式种植的树丛、蜿蜒的小径为特色（图1-40、图1-41）。不列颠群岛潮湿多云的气候条件、英国本土丘陵起伏的地形和大面积的牧场风光为园林形成提供了条件，主要利用原始地形和乡土植物，创造开朗、明快的自然风景。

图1-40　英国自然风景园（一）

图1-41　英国自然风景园（二）

英国自然风景园的特征如下：

（1）英国自然风景园也被称为自然式风景园，常用弯曲的道路、自然式的树丛和草地、蜿蜒的河流来营造景观氛围。布局上避免直线、几何形状及中轴对称。

（2）常用借景的手法，将自然和景观园林进行融合。经常使用大面积的草坪、高大的乔木和灌木、花卉和水生植物形成植物层次。

（3）设计中隐藏人工的痕迹，追求与自然的效果。

七、意大利台地园

意大利半岛三面濒海而又多山地，它的建筑都是因其具体的山坡地势而建的，因此它能在前面引出中轴线开辟出一层层台地，分别配以平台、水池、喷泉、雕像等，然后在中轴线两旁栽植一些高耸的植物如黄杨、杉树等，与周围的自然环境相协调。

当意大利台地园传入法国后，因法国多平原，有着大片的植被和河流、湖泊，则被设计成平地上中轴线对称整齐的规则式布局。

由于地势高低差距很大，建筑师利用地势，使水由高至低，分别呈水瀑、水梯，再在下面利用压力形成喷泉，在最底层汇聚为水池。精致的建筑中常有为欣赏水流声音而设置的装置，甚至有意识地利用激水之声来形成旋律（图1-42）。台地园周围的花坛整齐对称，颜色清新自然，与建筑的黑白两色形成强烈反差，很能抓住人们的眼球。至于花坛与水池中间配置的雕像，大都是古希腊神话中的人物。其实台地园中不只雕塑是古希腊神话中的人物，其建筑设计也继承了最早起源于古希腊的中轴式建造法。

图1-42　意大利台地园景观

意大利台地园的特征如下：

（1）台地园是指由于受场地坡度的影响，将景观依照坡度而进行设计的景观园林。常将建筑设置在坡顶，沿着山坡的中轴设计成轴线，沿着轴线设置雕像、喷泉、水池、花坛等景观小品。中轴两侧种植整形的树木、花卉，是将规整式与风景式结合的景观园林形式。

（2）台地园常在高处做贮水池，然后顺坡而下形成落水，并在下层利用落差形成各式喷泉，形成丰富的空间层次感。

（3）景观装饰小品比较多，以古典神话为题材的大理石雕像、石栏杆等。

八、法国规则式园林

17世纪下半叶，法国成为欧洲最强大的国家，当时号称"太阳王"的国王路易十四下令兴建的凡尔赛宫，规模宏大，手法多变，成为法国规则式园林的巅峰之作。法国多平地，因此经常在平地上建造规则式园林，将植物进行规整的外形修剪，并进行多轴线的布置，使园林从高处看是一幅丰富规则的平面图案。

凡尔赛宫占地面积大，规划面积为1 600公顷，如果包括外围大林园的话，占地面积将达到6 000多公顷，东西向主轴长约3 km，建造历时26年，很多地方修改多次，力求精益求精（图1-43）。宫苑主要的设计者勒诺特尔是西方最著名的风景园林设计师之一。他的设计突出了"强迫自然接受匀称法则"的规则式设计理念，肯定了人工美高于自然美。园林地形和布局多样，花木的品类、形状和颜色多样。凡尔赛宫在设计中将一切多样性都进行"井然有序，布置得均衡匀称"规划，

图1-43　凡尔赛宫景观

直线和方角的基本形式都要服从几何比例原则。勒诺特尔用多种方式进行植物造景，其中，常绿树种在设计中占据首要地位。其非常独特之处在于大规模地将成排的树木或雄伟的林荫树用在小路两侧，加强了线性透视的感染力。路易十四偏爱柑橘树，园内大量种植柑橘树。瑞士湖面积为13公顷，因由瑞士雇佣军承担挖掘任务而得名，这里原是一片沼泽，地势低洼，排水困难，故就势挖湖。

法国规则式园林的特征如下：

（1）法国园林讲究规则的造型和平面对称，能够明显地看到园林的轴线，主次轴线分明，植物修剪的造型左右对称。

（2）园林在进行划分和设计时，采用几何造型，园路多采用直线形；广场、水池、花坛采用比较规则的几何形体

（3）植物布置时采用对称式形式，株、行距均齐，常将花木整形修剪成一定图案，形成整齐、端直、美观的规则式效果。

第三节　近现代景观及园林发展

近现代景观的发展风格各异，百花齐放，特别是随着新工艺、新材料和新技术的出现，人文景观、自然景观、商业景观、工业景观等呈现出崭新的面貌。

一、人文景观

以日本伏见稻荷大社为例，神社建于8世纪，主要是祀奉农业与商业的稻荷神。很多人来此祭拜，祈求农作丰收、生意兴隆、交通安全，是京都地区香火最盛的神社之一（图1-44）。伏见稻荷大社的入口，矗立着由丰臣秀吉于1589年捐赠的大鸟居，后面便是神社的主殿及其他建筑物。在神社里，还能见到各式各样的被视为神明稻荷的使者——狐狸的雕像（图1-45）。这里最出名的要数神社主殿后面密集的朱红色"千本鸟居"，是京都最具代表性的景观之一。成百上千座的朱红色

图1-44　伏见稻荷大社

鸟居构成了一条通往稻荷山山顶的通道，很多祈福者会接着现有的鸟居新建鸟居，并在鸟居上题字（图1-46）。一层层的鸟居排列在一起，褪色的暗红色牌坊和光鲜亮丽的朱红色牌坊密集地交织在一起，透过阳光的照射显得格外壮观迷人，视觉上颇为震撼。

人文景观除了具有一定的历史性、文化性之外，还具有一定的观赏性，如比利时透明教堂，高约10 m，利用大量钢板堆叠而成，墙面斑驳通透，若是从外侧观赏，这座教堂看起来就像是浮在空气中的像素方块，充满神秘感（图1-47）。

秦皇岛阿那亚图书馆外形简洁，建筑整体为纯白色，孤单地伫立在海边，被誉为"最孤独的图书馆"，成为网红景点（图1-48）。

图 1-45 伏见稻荷大社狐狸雕像

图 1-46 伏见稻荷大社千本鸟居

图 1-47 比利时透明教堂

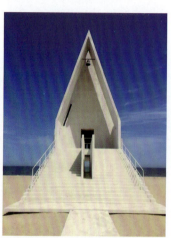

图 1-48 秦皇岛阿那亚图书馆

二、自然景观

景观包括自然景观和人文景观两种。其中，自然景观是最具生态价值的景观。由于自然景观的生态价值，很多人文活动经常依托自然景观进行开展，日本大阪天守阁的春日风景也是世界知名的景观（图 1-49）。如土耳其乘坐热气球的活动（图 1-50）都是自然资源和人文传统相结合的活动。

图 1-49 天守阁春景

图 1-50 土耳其乘坐热气球

三、商业景观

商业景观是以商业为背景形成的景观，景观及设施的商业性强，色彩艳丽鲜明，视觉冲击力强，如四川成都宽窄巷子，是我国著名的商业景观代表。宽窄巷子由宽巷子、窄巷子、井巷子平行排列组成，全为青黛砖瓦的仿古四合院落，它也是成都遗留下来的较成规模的清朝古街道，与大慈寺、文殊院一起并称为成都三大历史文化名城保护街区（图1-51）。除了宽窄巷子外，远洋太古里也是成都商业景观的代表。

图1-51 成都宽窄巷子

成都远洋太古里坐落在成都中心地带，属于开放式、低密度的街区形态购物中心。远洋太古里项目别具一格，纵横交织的里弄、开阔的广场空间，为呈现不同的都市脉搏，同时引进"快里"和"慢里"概念，树立国际大都会的潮流典范（图1-52）。值得把玩的生活趣味、大都会的休闲品位、林立的精致餐厅、历史文化及商业交融的独特氛围，让人于繁忙都市中心慢享美好时光（图1-53～图1-56）。

图1-52 远洋太古里

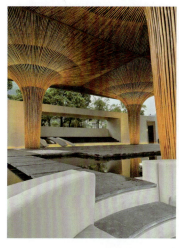

图1-53 商业空间景观（一）

图1-54 商业空间景观（二）

图1-55 室内景观

图1-56 麓湖景观

景观类型之间往往是相互融合的，商业景观也可与自然景观进行交融设计。如上海佘山世茂洲际酒店，即是在采石坑内建成的自然生态酒店（图 1-57）。酒店遵循自然环境规律，下探地表 88 m 开拓建筑空间，依附深坑崖壁而建，是世界上首个建造在采石坑内的自然生态酒店，被美国国家地理杂志誉为"世界建筑奇迹"。

图 1-57　上海佘山世茂洲际酒店

四、工业景观

南京汤山矿坑公园是在原矿坑的基础上进行建设的景观（图 1-58 ～图 1-63）。景观设计师通过梳理现场地形和水文条件，在已经被破坏的自然碎片基础上形成丰富的体验场所，包括四个不同景观：温泉酒店、攒子瀑、天空走廊、伴山营地，以及服务配套的餐厅、茶室等。原有山体上的多个采石坑，互相独立并不相通。这个独特的条件允许各个采石坑有不同的功能定位：最东侧的深而隐蔽，被定位成静谧休闲的温泉酒店附属设施；最西侧的开阔宽广，被用于音乐节、露营等的公共场所；中间为公园游览的体验区。经过地质专家综合评估，采石破坏的山体岩壁由于其特殊的地质特征，即使经过加固，也不能完全排除未来崩塌和落石等安全隐患。因此，景观设计师对景观游览路线和方式进行了多种可能性研究，综合安全、造价、体验、生态等多个因素做出选择和设计，并根据活动特点设置了安全围护。

图 1-58　南京汤山矿坑公园原状

图 1-59　南京汤山矿坑公园现状

图 1-60　南京汤山矿坑公园水景

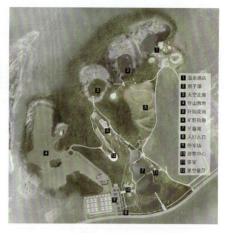

图 1-61　南京汤山矿坑公园总平面图

图 1-62　南京汤山矿坑公园室外楼梯

图 1-63　南京汤山矿
坑公园构筑物

 课后训练 ....◎

1. 请用自己的语言解释曲水流觞、一池三山、知鱼槛的概念。

2. 列举日本景观设计中的常用造景方法。

3. 结合所学内容评鉴近现代知名景观设计作品的特点。

第二章 景观绿化设计

课程重点

1. 掌握常用的乔木、灌木、藤本植物和花卉的特征和生长习性。
2. 能够辨识常见的植物种类。
3. 能够进行有层次的植物配置和布局。

植物配置是景观设计中非常重要的一环。我国非常重视园林景观设计中植物的选择和栽植，自古就有很多有关植物的传说。例如，据说汉武帝巡视河南嵩山书院时，见高大的周柏而封其为"大将军""二将军"。在清朝时期，北海团城有三棵名木，其中一棵大油松苍劲古老，乾隆盛夏烈日曾在树下乘凉，清风拂面，暑汗全消，而后这棵大松树被封为"遮荫侯"，还册封了附近的一棵白皮古松为"白袍将军"。这两棵古树现在仍然存在。

除了由于人为因素而成名的树之外，还有一些由于自身特色而成名的树，如北京故宫御花园里有十多棵连理树，已有数百年的历史，枝干相交在一起（图2-1）。在古代，皇家视连理树为祥瑞，南朝民歌《子夜歌》中曾唱到"不见连理树，异根同条起"。但其实故宫御花园里的连理树是由柏树和松树经过人工加天然种植而成的。

清代苏州绿荫斋曾有古桂，在《绿荫斋古桂记》中曾有这样的描述：

朱氏之园，惟绿荫斋为最著。斋之东有古桂一株，盖百余年物，其枝四面分披而下，其中可坐数十人。每花开，招客宴集其下，绿叶倒垂，繁英密布，如幄之张，加藩之设，风劲花落，拂襟萦袖。行酒者伛而入，绕树根而周，客无不欢极情叹而去。

可见具有观赏性的树木能带给人们赏心悦目的美好体验。

图2-1 故宫御花园里的连理树

第一节 **植物的分类**

　　植物配置是景观设计中的重要内容，要塑造良好的植物配置效果，首先需要了解植物的种类、生长特性，然后进行有层次的植物选择和布局，做到"三季有花、四季有景"。根据苗木设计进行成本的计算，然后根据目标成本控制进行植物设计的优化，优化苗木的种类和数量，形成最终符合场地实际情况和理想效果的方案。植物配置不仅要考虑植物的特征，还需要考虑场地如何排水、场地与市政道路的组织关系，以及场地内的光照条件等多项内容。

　　植物大致分为乔木、灌木、藤本植物、花卉四类。草坪生长的地域不同，就会有不同的生长特点。一般情况下，可以通过草皮的购买来实现不同区域草坪的种植，因此不在本章节中展开介绍。

一、乔木类植物

1. 垂柳

　　形态：高 18 m。树冠呈倒广卵形，树皮呈灰黑色。枝条下垂，叶呈狭披针形，长 9 ～ 16 cm，宽 0.5 ～ 1.5 cm，两面无毛，幼时有绒毛。花期在四月，果期在五月、六月（图 2-2、图 2-3）。

　　特征：喜光，喜温暖、湿润气候。较耐寒，喜水湿，耐水淹，产于我国长江流域及其以南各省平原区，华北及辽宁亦有栽植。萌芽力强，生长迅速，寿命较短，30 ～ 40 年后逐渐衰老。它可作为行道树、庭荫树。

图 2-2　垂柳　　　　　　　　　　　图 2-3　垂柳枝叶

2. 加拿大杨

　　形态：高 30 m，胸径 1 m 以上，树干通直，树冠开展呈卵圆形。树皮呈灰褐色，粗糙。叶呈三角形或三角状卵形，长 6 ～ 10 cm，花期在四月（图 2-4 ～图 2-6）。

　　特征：稍喜光，较耐寒，喜温暖湿润的土壤，不耐旱，对二氧化硫抗性强，并有吸收能力。20世纪引入我国，哈尔滨以南均有栽植。它可作为行道树、防护林。

图 2-4　加拿大杨叶片　　　　　　图 2-5　加拿大杨花　　　　　　图 2-6　加拿大杨秋景

3. 新疆杨

形态：高 15 ～ 30 m，树冠窄，呈圆柱形或尖塔形，树皮呈灰白色或青灰色（图 2-7、图 2-8）。

特征：喜光，较耐寒、耐旱，抗烟尘、抗风，喜疏松、肥沃、深厚的土壤和沙壤土。我国新疆、内蒙古、华北及兰州、银川、沈阳、鞍山、抚顺等地均有栽植。它可作为行道树、庭院绿化树和防护林。

4. 榆树

形态：高 25 m，胸径 2 m，树冠呈广卵圆形，树皮呈暗灰色。叶呈卵状长椭圆形，长 2 ～ 8 cm，宽 1.2 ～ 3.5 cm，叶缘有不规则的单锯齿。先开花后长叶，花期在四月，果期在五月（图 2-9 ～图 2-11）。

特征：喜光的深根性树种，喜欢土层深厚、湿润、肥沃、排水良好的土壤，耐干旱及盐碱，适应性强。抗风保土能力强，对烟尘及氧化氢等有毒气体有抗性。我国北部、中部均有栽植。萌芽力强，耐修剪，可作为行道树、庭荫树及绿篱，也可作为盐碱地造林树种。

5. 垂榆

形态：高 2 ～ 3 m，树冠呈伞形，圆大蓬松，树干通直，姿态潇洒。枝条明显垂下。叶呈卵形或椭圆状披针形，先端尖（图 2-12）。

特征：喜光、耐寒、耐干旱，适应性强。东北、华北、西北地区均有栽植，可用于庭园观赏或作为行道树。

图 2-7　新疆杨　　　　　　　　图 2-8　新疆杨叶片　　　　　　图 2-9　榆树叶片

图 2-10　榆树花　　　　　　　图 2-11　榆树外观　　　　　　图 2-12　垂榆

6. 小叶朴

形态：高 20 m，树冠呈倒广卵形或扁球形，树皮呈灰褐色，平滑。叶呈斜卵形或卵状披针形，长 4～8 cm，主脉明显，两面无毛。花期为五月，核果近球形，熟时呈紫黑色，果期为十月（图 2-13、图 2-14）。

特征：喜光，稍耐阴寒，喜深厚、湿润中性黏质土壤，深根性。产于我国东北南部、华北、长江流域至西南和西北地区，沈阳、鞍山、大连等地均有栽植。生长较慢，寿命长。它可作为庭荫树、行道树及厂区绿化树种。

图 2-13　小叶朴叶片

图 2-14　小叶朴外观

7. 国槐

形态：高 25 m，胸径 2 m 以上。树冠呈球形或阔卵形。干皮呈暗灰色，小枝呈绿色。奇数羽状复叶，小叶 7～15 片，呈卵圆形，长 2.5～5 cm。圆锥花序顶生，呈黄绿色，花期为八月、九月，荚果呈念珠状，果期为十月（图 2-15、图 2-16）。

特征：产于我国北部，沈阳以南至华北、西南地区均有栽植，以黄土高原及华北最为普遍。生长速度中等，根系发达，萌芽力强，寿命很长。陕西临潼有 1 700 余年古树。树形美观，槐花幽香，可作为行道树、庭园树及工矿区绿化树种。宜孤植、列植。

图 2-15　国槐花

图 2-16　国槐外观

8. 稠李

形态：高 15 m，树皮呈灰褐色或黑褐色。叶呈椭圆形或倒卵形，长 6～14 cm，宽 3～7 cm，边缘有锐锯齿，叶片基部有 2 腺体，秋叶变黄红色。花白色，总状花序下垂，具花 10～30 朵，花小，直径 1～1.5 cm，芳香，花期为五月、六月。核果近球形，成熟时呈亮黑色，果期为八月、九月（图 2-17～图 2-19）。

特征：喜光，稍耐阴，不耐干旱、贫瘠，喜湿润环境。我国华北、东北、西北及内蒙古地区均有栽植。稠李属于观赏树种，宜列植于路旁、墙边，花、果、叶均可入药，果可食用。

图 2-17　稠李花

图 2-18　稠李果

图 2-19　稠李外观

9. 山桃

形态：高 10 m，胸径 30 cm。树冠呈球形或伞形，树皮呈暗紫红色，有光泽，常具横向环纹。叶呈狭卵状披针形，长 5 ～ 10 cm，宽 2 ～ 4 cm。花单生，呈粉红色，先开花后长叶，花期为四月，核果呈球形，径 2 ～ 3 cm，果期为八月（图 2-20 ～图 2-22）。

特征：喜光，耐干旱，较耐寒，较耐盐碱，忌水湿，适应性较强。北京、天津、济南、大连、沈阳、鞍山、抚顺、长春等地均有栽植。它可作为庭园观赏树或行道树。

图 2-20　山桃花

图 2-21　山桃树干

图 2-22　山桃树外观

10. 山杏

形态：高 10 m，树皮呈黑褐色，不规则纵裂。小枝呈红褐色，有光泽。叶呈卵形或近圆形，较小，长 4 ～ 5 cm，宽 3 ～ 4 cm。花呈白色或稍粉红，花期为五月，果较小，径约 2 cm，果期为七月（图 2-23 ～图 2-25）。

特征：喜光，耐寒性强，耐干旱，喜排水良好的沙壤土。产于我国华北、西北及内蒙古地区，东北地区有栽植。萌芽性强，生长快，可植播造林。它可作为庭园观赏树或行道树。

图 2-23　山杏果

图 2-24　山杏花

图 2-25　山杏外观

11. 五角枫

形态：高 8 ～ 10 m，胸径 1 m 以上。树冠呈球形，树皮呈深灰色，后变红褐色及灰棕色。单叶对生，叶柄长 2.5 cm，叶掌状 5 裂，裂片较窄，尖端渐尖。花呈黄绿色，顶生伞状花序，花期为五月，果期为九月（图 2-26、图 2-27）。

特征：喜光，稍耐阴，喜温凉气候及肥沃、湿润、排水良好的土壤，耐旱，抗烟害。我国吉林、辽宁、内蒙古、陕西和华北地区均有栽植。根系发达，深根性，抗风，生长较快，寿命长，可修剪造型。它可作为行道树和庭园树，是工矿区绿化优良树种。

图 2-26　五角枫叶片

图 2-27　五角枫外观

12. 白蜡

形态：高 18 m，胸径 80 cm。树冠呈伞状，树皮呈灰褐色，小叶 5 片，呈椭圆形至披针形，长 3 ～ 5 cm，宽 2.5 cm，叶片中上部具圆齿状或细锯齿，下面常被短柔毛。花期为四月下旬，果期为九月、十月（图 2-28 至图 2-30）。

特征：喜光，稍耐阴，耐寒，耐旱，较耐盐碱，耐水涝，抗有害气体及抗病虫害能力强。我国济南、天津、北京、山西、东北等地有栽植。它可作为行道树和庭园树，是工矿区绿化优良树种。

图 2-28　白蜡荚果

图 2-29　白蜡花

图 2-30　白蜡外观

13. 梓树

形态：高 8 m，树皮呈灰褐色。单叶对生，叶呈广卵形或近圆形，长 10 ～ 25 cm，宽 7 ～ 25 cm，全缘有波状齿。花期为五月、六月，长 20 ～ 30 cm，果期为九月、十月（图 2-31 至图 2-34）。

特征：喜光，稍耐阴，耐寒，不耐干旱和水湿。喜温凉气候、排水良好的土壤，对二氧化硫及氯气抗性强，吸滞灰尘。哈尔滨、长春、抚顺、沈阳等地有栽植。梓树属于深根性树种，可作为行道树和庭园树，是工矿区绿化优良树种。

图 2-31 梓树叶片

图 2-32 梓树荚果

图 2-33 梓树外形

图 2-34 梓树花

14. 玉兰

形态：高 15 m，树冠呈卵形或近球形。叶呈倒卵状长椭圆形，长 8 ～ 18 cm。花大，花径 12 ～ 15 cm，纯白色，芳香，花萼与花瓣相似，共 9 片，先开花后长叶，花期为三月、四月，果期为九月、十月（图 2-35、图 2-36）。

特征：喜光，喜温暖气候，稍耐阴，较耐寒，较耐干旱。北京、大连、丹东、鞍山、沈阳等地有栽植，沈阳以北地区很难露地越冬。它适于作为庭园观赏树。

图 2-35 玉兰外观

图 2-36 玉兰花

15. 栾树

形态：高 10 m，树冠近圆形，树皮呈灰褐色。1～2 回大型奇数羽状复叶，长 35 cm；小叶 7～15 片，呈卵形或长卵形，长 2.5～8 cm。顶生大型圆锥花序，长 25～40 cm，花黄色，花期为六月、七月，果期为九月（图 2-37、图 2-38）。

特征：喜光，耐半阴，较耐寒，喜温凉气候，在干旱、盐渍性土壤也能生长，有较强的抗烟尘能力。分布较广，是华北平原及低山常见树种。栾树属于夏季观赏树种，宜作为行道树、风景树或水土保持荒山绿化树种。

图 2-37　栾树外观　　　　　　　　　　图 2-38　栾树花

16. 圆柏

形态：常绿乔木，高 20 m，胸径 3.5 m。树冠呈尖塔形或圆锥形，老树呈广卵形、球形或钟形，树皮呈灰褐色。老树或老枝上的叶为鳞状交互对生，幼树或幼枝上的叶为刺状，花期为四月下旬，果呈圆形、浆果状（图 2-39、图 2-40）。

特征：喜光，喜湿凉气候，较耐寒，耐热，对土壤要求不严。对有害气体有一定抗性，阻尘和隔声效果良好。哈尔滨、吉林、辽宁及西藏地区有栽植。寿命长，生长速度中等。它在园林中应用极广，可作为行道树和庭园观赏树，是工矿区绿化优良树种。

图 2-39　圆柏外观　　　　　　　　　　图 2-40　圆柏叶

17. 油松

形态：常绿乔木，高 25 m，胸径 1 m 以上。树冠在壮年期呈伞形或广卵形，在老年期呈盘状或伞状。树皮呈深灰褐色。叶 2 针 1 束，长 10～15 cm，粗硬，有细齿。花期为四月、五月，果呈卵形，长 4～9 cm（图 2-41、图 2-42）。

特征：喜光，抗寒，耐干旱，不耐水涝，不耐盐碱，喜微酸及中性土壤。我国华北地区、内蒙古、西南和西北地区均有栽植。油松寿命长，属于深根性树种，树形优美，宜作为造园树种。

图 2-41　油松外观

图 2-42　油松叶和果

18. 黑松

形态：常绿乔木，高 30 m，树皮带灰黑色，树冠呈宽圆锥状或伞形。四月开花，针叶 2 针一束，深绿色，有光泽，粗硬，长 6 ～ 12 cm，径 1.5 ～ 2 mm，边缘有细锯齿（图 2-43、图 2-44）。

特征：喜光，耐干旱瘠薄，不耐水涝，不耐寒。适生于温暖湿润的海洋性气候区域，最宜在土层深厚、土质疏松，且含有腐殖质的砂质土壤处生长。其耐海雾，抗海风，也可在海滩盐土地方生长。抗病虫能力强，生长慢，寿命长。黑松一年四季常青，是荒山绿化、道路行道绿化首选树种。

图 2-43　黑松外观

图 2-44　黑松叶

19. 白皮松

形态：常绿乔木，高 30 m，胸径 3 m。树冠呈阔圆锥形、卵形或圆头形，枝条疏大而斜展。树皮呈淡灰绿色或粉白色，呈不规则片状剥落。叶 3 针 1 束，长 5 ～ 10 cm。花期为四月、五月，果呈圆锥状卵形，长 5 ～ 7 cm（图 2-45、图 2-46）。

特征：喜光，稍耐阴，幼树耐干旱，喜冷凉气候，耐寒，喜生于排水良好、土层深厚的土壤，对二氧化硫及烟尘污染有较强的抗性。沈阳以南及长江流域各城市均有栽植。寿命长，生长缓慢。树皮斑驳，宜在庭园、公园、街道绿地或纪念场所栽植。

20. 红皮云杉

形态：常绿乔木，高 30 m，胸径 0.8 m，树冠呈尖塔形，叶长 1.2 ～ 2.2 cm，花期为五月、六月，果呈卵状圆柱形或椭圆形，长 5 ～ 8 cm，果期为九月、十月（图 2-47 至图 2-49）。

特征：较耐阴，耐寒，实用性强，较耐湿，浅根系。东北各城市及北京均有栽植。树姿优美，为北方城市绿化常用树种，也可作为绿篱。

图 2-45　白皮松外观　　　　　　　　　图 2-46　白皮松树干

图 2-47　红皮云杉外观　　　　图 2-48　红皮云杉果　　　图 2-49　红皮云杉叶

21. 青扦云杉

形态：常绿乔木，高 50 m，胸径 1.3 m。树冠呈塔形，小枝呈淡灰色、淡黄色或淡黄灰色。叶呈针状四棱形，长 0.8～1.3 cm，排列较密。花期为四月（图 2-50、图 2-51）。

图 2-50　青扦云杉　　　　　　　图 2-51　青扦云杉叶

特征：耐阴性强，耐寒，适应性强，喜排水良好、土层深厚的微酸性土壤。我国华北、西北及内蒙古等地区均有栽植。生长较慢，10年生可长到2 m。它常用作庭园树及街道绿化树种。

22．冷杉

形态：常绿乔木，高30 m，胸径1 m。树冠呈阔圆锥形，老龄时为广伞形。叶呈条形，长2～4 cm，花期为四月、五月（图2-52、图2-53）。

图2-52　冷杉外观　　　　　　　　　　图2-53　冷杉叶和果

特征：冷杉属于半阴性树种，喜冷湿气候及肥沃土壤，耐寒，抗烟尘能力差，为长白山及牡丹江山区主要树种之一。幼苗期生长缓慢，十余年后生长速度逐渐变快。它可在建筑物北侧及其他林冠庇荫下栽植，在公园和庭园里可孤植或配置成树丛。

23．天女木兰

形态：小乔木或灌木状，高10 m，枝细长无毛。叶呈宽椭圆形或倒卵状长圆形，长7～25 cm，花瓣呈白色，6枚，芳香，花萼呈淡粉红色，径7～19 cm；1年开2次花，第一次在五月、六月，第二次在七月、八月，果期为九月、十月（图2-54）。

图2-54　天女木兰

特征：较耐阴，耐寒，喜深厚、肥沃、排水良好的土壤，喜生于冷凉、湿润的山谷阴坡。我国辽宁、吉林、河北、安徽、福建均有栽植。它是著名的庭园观赏树。

24．山楂树

形态：小乔木，高6 m，花呈白色，多花组成伞房花序，花期为五月。果较大，直径2.5 cm，呈深亮红色，果期为九月、十月（图2-55、图2-56）。

特征：喜光，稍耐阴，耐寒，耐干燥及贫瘠土壤，根系发达。东北中部、南部及华北地区均有栽植。山楂树为庭园观赏树，既可观花，又能观果。

25．桃叶卫矛

形态：高8 m，单叶对生，呈椭圆状卵形或圆卵形，长2～8 cm。聚伞花序腋生，具3～7朵淡黄绿色花，花期为六月、七月，果期为八月、九月（图2-57～图2-59）。

图 2-55　山楂树外观

图 2-56　山楂树果

图 2-57　桃叶卫矛外观

图 2-58　桃叶卫矛叶

图 2-59　桃叶卫矛果

特征：喜光，耐寒，稍耐阴，耐干旱，适应性强，喜肥沃沙壤土。我国辽宁、吉林、内蒙古等地区均有种植。它适宜作为庭园观赏树，秋季观果，宜孤植、列植、丛植。

26. 接骨木

形态：高 6 m，奇数羽状复叶，对生，小叶 5～11 片，呈卵状椭圆形，长 4.5～6.5 cm，宽 2～3 cm。聚伞状圆锥花序顶生，花小，呈白色、淡黄色，花期为五月、六月，浆果状核果，近球形，初熟时多为红色，熟时呈黑紫色或暗红色，果期为七月、八月、九月（图 2-60～图 2-62）。

图 2-60　接骨木外观

特征：喜光，稍耐阴，耐寒，耐干旱，不择土壤。哈尔滨、长春、沈阳等地有栽植。它属于观花、观果灌木。

图 2-61　接骨木茎叶

图 2-62　接骨木果

27. 紫叶稠李

形态：高 10 ～ 12 m。叶呈卵状长椭圆形至倒卵形，长 5 ～ 14 cm，先端渐尖，整个生长季节叶都为紫色或绿紫色。花呈白色，花期为四月、五月，果熟呈黑色（图 2-63、图 2-64）。

特征：喜光，稍耐阴，耐寒，喜肥沃、湿润、排水良好的土壤。紫叶稠李为国外引入栽植品种，北京、沈阳、大连均有栽植。它属于庭园观赏树，是北方园林少有的观叶乔木。

图 2-63　紫叶稠李外观

图 2-64　紫叶稠李叶

28. 紫叶矮樱

形态：株形类似紫叶李，但较矮，单叶互生，小叶有齿，叶呈紫红色，有光泽，花呈粉色，5 瓣，淡香，花期为四月下旬（图 2-65、图 2-66）。

特征：喜光，稍耐阴，喜温暖、湿润气候，较耐寒，耐干旱，但不耐涝。紫叶矮樱属于法国培育的杂交品种，北京、大连、沈阳有栽植，耐修剪。观叶植物，可修剪呈球状，适应丛植，也可作为彩色篱。

29. 银杏

形态：高 15 ～ 40 m，胸径 2 ～ 3 m。树冠呈广卵形，叶在长枝上螺旋状生长，在短枝上丛生，叶片呈扇形，花期为五月、六月。种子呈核果状，外种皮肉质，熟时呈橙黄色，果期为九月、十月（图 2-67 ～图 2-69）。

图 2-65　紫叶矮樱外观

图 2-66　紫叶矮樱花

图 2-67　银杏外观

图 2-68　银杏叶

图 2-69　银杏果

特征：喜光，喜温暖、湿润气候及肥沃土壤，不耐旱，忌水涝，较耐寒，喜中性或微酸性土壤，对环境适应性强。中国特产，辽宁省以南、广东省以北均有栽植。寿命长，我国有少量 2 000 ～ 3 000 年生古树。它适宜作为庭园观赏树及行道树。

30. 白桦

形态：高 25 m，胸径 0.5 m。树冠呈卵圆形，树皮幼时呈暗赤褐色，老时呈白色，纸状分层剥离。叶呈三角状卵形或菱状卵形，长 3 ～ 9 cm，宽 2.5 ～ 6 cm。花期为五月、六月。果序单生，下垂，小坚果，呈圆柱形，种子很小，果期为八月、九月、十月（图 2-70、图 2-71）。

特征：喜光，耐严寒，喜酸性土、湿润土和冷凉气候。白桦为东北地区常用树种，可用作风景林及观赏绿化树种。

图 2-70　白桦外观

图 2-71　白桦树干

31. 黄檗

形态：高 10～15 m。树冠广阔，枝条粗大开展，树皮呈淡灰色或灰褐色，叶对生，奇数羽状复叶，小叶 5～13 片，呈卵状披针形，长 5～11 cm，宽 2～4 cm。聚伞状花序，花瓣呈黄绿色，花期为五月、六月。浆果呈黑色，有特殊气味，果期为九月、十月（图 2-72～图 2-74）。

特征：喜光，稍耐阴，耐寒，耐水湿，抗腐能力强，喜肥沃、湿润、深厚、排水良好的土壤，在黏土及瘠薄土地上生长不良。我国北方各地均有栽植。生长快，抗风性强，寿命可达 300 余年。秋叶变黄，可作为观赏树，宜片植。

图 2-72　黄檗外观

图 2-73　黄檗树干

图 2-74　黄檗果

32. 火炬树

形态：高 3～8 m，树皮呈黑褐色，叶互生，奇数羽状复叶，小叶 11～23 片，呈披针状长圆形，长 5～12 cm。叶正面呈深绿色、背面呈苍白色。圆锥花序顶生，长 10～20 cm，花小，呈淡绿色，花期为七月、八月。核果，呈深红色，果期为九月、十月（图 2-75、图 2-76）。

图 2-75　火炬树外观

图 2-76　火炬树叶

特征：喜光，耐寒，喜湿又耐干旱，耐盐碱。寿命较短，10～15年开始衰老。河北、山西及西北地区有栽植。秋叶变红，既可作风景造园树，也可作荒山绿化、护坡固堤、固沙封滩树种。

33. 九角枫

形态：高8 m，树皮呈灰色，幼枝呈绿色或紫绿色。单叶对生，近圆形，长6～10 cm，常9～11裂，裂缘为重锯齿。伞房花序，花呈黄色，花期为五月、六月。翅果，呈褐色，两翅展开呈钝角或直角，果期为九月（图2-77、图2-78）。

图 2-77 九角枫外观　　　　　　　图 2-78 九角枫叶

特征：喜光，稍耐阴，耐寒，喜湿润、肥沃的土壤。我国东北广泛栽植，秋叶变红，宜作为庭园观赏树或风景树。

34. 三角枫

形态：高可达6 m，常为2 m，树皮呈灰褐色。单叶对生，叶呈卵形或长圆状卵形，长6～10 cm，宽3～6 cm，3裂，中央裂片最大。伞房花序顶生，花呈黄白色，花期为五、六月。翅果，呈深褐色，果期为九月（图2-79、图2-80）。

图 2-79 三角枫外观　　　　　　　图 2-80 三角枫叶

特征：喜光，耐寒，耐干旱，也耐水湿，较耐阴，喜湿润土壤。三角枫既是庭园观赏树种，也是绿篱树种。

二、灌木类植物

1. 连翘

形态：高 3 m，小枝呈黄绿色，叶片呈广卵形、卵圆形、椭圆形，长 6～9 cm，宽 5.5～7 cm。花 1～6 朵，腋生，呈黄色，先开花后长叶，花期为三月、四月，果期为十月（图 2-81、图 2-82）。

特征：喜光，又能耐半阴，喜湿润、肥沃土壤，耐寒性强。我国东北、华北、西南、西北、华东地区均有栽植。连翘属于优良早春观花灌木，适用于庭园、街道绿化，可丛植或孤植。

图 2-81　连翘外观　　　　　　　　　　　　　　图 2-82　连翘花

2. 杜鹃

形态：高 2 m，多分枝。叶纸质、互生，叶片呈长椭圆状披针形至椭圆形，长 3～8 cm，宽 1.2～2.5 cm。花 1～3 朵，生于上年枝端，先开花后长叶；花冠呈漏斗状、淡紫红色，径 3～4 cm，花期为四月中旬至五月初，果期为六月、七月（图 2-83、图 2-84）。

特征：喜光，稍耐阴，耐寒，喜微酸性土壤。产于我国吉林南部、辽宁、河北、山东及江苏等地区。杜鹃属于早春观赏植物。

图 2-83　杜鹃外观　　　　　　　　　　　　　　图 2-84　杜鹃花

3. 榆叶梅

形态：高 2～5 m，小枝呈紫红色，幼枝无毛或微被柔毛。叶呈倒卵形至椭圆形，长 2.5～5 cm，宽 1.5～3 cm。花密集，呈粉红色，先开花后长叶，单生或两朵并生，花径约 2 cm，花期为四月、五月。果实近球形，红色，果期为六月、七月（图 2-85、图 2-86）。

特征：喜光，稍耐阴、耐旱、耐寒，宜生长在中性至微碱性肥沃、疏松沙壤土。分布较广，为东北绿化常用花灌之一。

图 2-85　榆叶梅外观　　　　　　　　图 2-86　榆叶梅花

4. 毛樱桃

形态：高 2 ～ 3 m。树冠呈广卵形，枝条开展，呈灰褐色，小枝及叶两面均密被绒毛。叶呈倒卵形、椭圆形或卵形，长 3 ～ 5 cm，宽 2 ～ 3 cm，边缘有锯齿。花呈白色或淡粉色，单生或 2 朵并生，花期为四月、五月。果实呈球形，成熟时为红色，果期为六月、七月（图 2-87、图 2-88）。

特征：喜光，稍耐阴、耐寒、耐旱，适应性强，喜湿润、肥沃土壤。我国东北、华北、西北、西南地区均有栽植。它可孤植或丛植。

图 2-87　毛樱桃外观　　　　　　　　图 2-88　毛樱桃果

5. 珍珠绣线菊

形态：高约 1.5 m，枝细长开张，呈弧形弯曲。叶呈线状披针形，长 2.5 ～ 4 cm，宽 0.3 ～ 0.7 cm，秋叶呈橘红色。伞形花序，具花 3 ～ 7 朵，呈白色，花期为四月、五月，果期为五月、六月（图 2-89、图 2-90）。

特征：喜光，不耐庇荫，耐寒，喜生于湿润、排水良好的土壤。现广泛种植于东北地区和山东、江苏、浙江等省，既可作为观赏灌木，也可作为绿篱。

图 2-89　珍珠绣线菊外观　　　　　　图 2-90　珍珠绣线菊花

6. 小叶丁香

形态：高 1.5 ～ 1.8 m，小枝无棱，叶小，近圆形、卵形或椭圆状卵形，长 1 ～ 4 cm，宽 1 ～ 3 cm。圆锥花序小，长 4 ～ 9 cm，侧生，花呈淡紫红色，1 年开花 2 次，春季为四月、五月，夏季为七月、八月，果期为九月、十月（图 2-91、图 2-92）。

特征：喜光，喜土层深厚，耐寒，耐干旱。东北、华北、西北地区均有栽植，属于园林观赏花木。

图 2-91　小叶丁香外观　　　　　　　　　图 2-92　小叶丁香花

7. 锦带

形态：高 1 ～ 2 m。叶呈倒卵形、椭圆形或椭圆状卵形，长 5 ～ 8 cm，宽 2.5 ～ 3.5 cm，边缘有锯齿。聚伞花序，生于侧枝叶腋，具花 3 ～ 5 朵，下垂，花冠呈漏斗状钟形，中部以下变狭，呈粉色或粉红色，花期为五月，果期为八月、九月（图 2-93、图 2-94）。

特征：喜光，稍耐阴，耐旱性强，不择土壤。我国辽宁、吉林、河北等省均有栽植，花期早且花密，宜孤植或丛植于庭园。

图 2-93　锦带外观　　　　　　　　　　图 2-94　锦带花

8. 多季玫瑰

形态：高 1 ～ 1.5 m，植株较矮。枝上有皮刺，花枝上部几乎无刺。羽状复叶，小叶 5 ～ 9 片，呈椭圆状卵形，长 2 ～ 5 cm，叶缘呈锯齿状。花单生或簇生枝端，呈玫瑰红色、紫色，重瓣，花期在五至八月（图 2-95、图 2-96）。

特征：喜光，耐干旱，抗寒性较强，在排水良好、肥沃的中性或微酸性土壤生长良好；在阴处生长不良，开花稀少，不耐积水。山东、河南、甘肃、辽宁等省均有栽植。春季修剪开花量会增加。花期长，多次开花，为花篱、花径常用植物。

图 2-95　多季玫瑰花墙 　　　　　　　图 2-96　多季玫瑰花海

9. 黄刺玫

形态：高 2～3 m。小枝呈紫褐色，具有直立皮刺，羽状复叶，小叶 7～13 片，近圆形或椭圆形，长 0.8～2 cm，宽 0.5～1 cm。花呈黄色，花径 4 cm，重瓣或半重瓣，花期为五月、六月，果期为七月、八月（图 2-97、图 2-98）。

特征：喜光，也耐庇荫，较耐寒，耐干旱，喜肥沃、湿润沙土。我国东北、华北、西北地区有分布，可作为庭园植物或花篱。

图 2-97　黄刺玫外观 　　　　　　　图 2-98　黄刺玫花

10. 金露梅

形态：高 1～1.5 m。多分枝，树皮呈灰色或褐色片状，奇数羽状复叶，小叶通常为 5 片，呈长椭圆形或长圆状披针形，长 0.6～2.5 cm，宽 0.3～0.7 cm，花单生或数朵并生形成伞状花序，呈黄色，花径 2～3 cm，花期为六至八月，果期为八至十月（图 2-99、图 2-100）。

特征：喜光，耐寒，耐干旱，对土壤要求不严。我国东北地区、内蒙古、河北、山西及西北、西南高山带均有种植。花期长达 2 个月，可作为花篱。

11. 水蜡

形态：高 2～3 m，单叶对生，叶片呈椭圆形或长圆状倒卵形，长 3～7.5 cm，圆锥花序顶生，长 2.5～3 cm，花白色，芳香，花期为六月。核果，呈椭圆形，果期为九月、十月（图 2-101、图 2-102）。

特征：喜光，稍耐阴，较耐寒，对土壤要求不严，适应性强。我国华北、华中、华东地区均有种植。属于观赏灌木，耐修剪，是北方绿化中常用的整形树和绿篱树种。

图 2-99　金露梅外观　　　　　　　　　图 2-100　金露梅花

图 2-101　水蜡外观　　　　　　　　　图 2-102　水蜡花

12. 胡枝子

形态：高 1 ～ 3 m，分枝细长而多，常拱垂。三出复叶，互生，小叶长 1.5 ～ 6 cm，宽 1 ～ 3 cm。总状花序腋生，长 3 ～ 10 cm，花冠呈紫红色，花期为七至九月，果期为九至十月（图 2-103、图 2-104）。

特征：喜光，稍耐阴，耐干旱，耐寒。我国东北、华北、西北及内蒙古地区均有分布。秋季观赏树种，可作为水土保持或改良土壤树种。

图 2-103　胡枝子外观　　　　　　　　　图 2-104　胡枝子花

13. 东陵八仙花

形态：高 1 ～ 3 m，树皮通常片状剥裂，老枝呈红褐色。叶呈长圆状卵形或椭圆状卵形，长 5 ～ 10 cm，宽 2 ～ 5 cm。伞状花序，花呈白色，后变淡紫色，花期为六月、七月，果期为八月、九月（图 2-105、图 2-106）。

特征：喜光，稍耐阴，耐寒，忌干燥，喜湿润、排水良好的土壤。黄河流域各省山地均有栽植，属于庭园树种。

图 2-105　东陵八仙花外观

图 2-106　东陵八仙花花朵

14. 花木兰

形态：高 0.6 ～ 1.0 m。一年生，呈淡绿色或绿褐色。奇数羽状复叶，互生，小叶 7 ～ 11 片，呈宽卵形、椭圆形或棱状卵形，复叶长 8 ～ 16 cm。总状花序腋生，长 5 ～ 14 cm，花呈蝶形、淡紫红色，花期为五月、六月，果期为八月、九月（图 2-107、图 2-108）。

特征：喜光，耐寒，耐干旱，阴坡也能生长。东北、华北、华东地区均有分布，可用于庭园及花篱。

图 2-107　花木兰外观

图 2-108　花木兰花朵

15. 紫叶小檗

形态：高 1 ～ 2 m。多分枝，幼枝带红色，枝节有锐刺，细小。叶 1 ～ 5 片簇生，呈矩圆形或倒卵形，叶呈深紫色或紫红色。簇生伞状花序，花呈黄色，花期为四月、五月。浆果，呈椭圆形、鲜红色，果期为八月、九月（图 2-109 ～ 图 2-111）。

特征：喜光，适生于温暖、向阳、排水良好的地方，喜潮湿环境，耐干旱，耐寒，对土壤要求不高。紫叶小檗产自日本，我国南北各地多有栽植，辽宁以北生长不良。它可作绿篱。

图 2-109　紫叶小檗外观

图 2-110　紫叶小檗叶　　　　　　　　　　图 2-111　紫叶小檗果

16. 红瑞木

形态：高 1.5 ～ 3 m，树皮呈暗红色，枝条呈鲜红色。叶对生，呈椭圆形，长 4 ～ 9 cm，宽 2 ～ 5 cm，秋冬叶变红。伞房状聚伞花序顶生，花呈白色或黄白色，花期为五月、六月。果实乳白带蓝，核果，呈斜卵圆形，果期为七月、八月（图 2-112 ～图 2-116）。

特征：喜凉爽、湿润气候及半阴环境，耐寒力强，耐湿热，喜排水良好的土壤。我国东北、西北地区及江苏、江西等省有分布。红瑞木为冬季观赏树种。

图 2-112　红瑞木外观　　　　　　　　　　图 2-113　红瑞木叶

图 2-114　红瑞木茎　　　　图 2-115　红瑞木花　　　　图 2-116　红瑞木果

17. 铺地柏

形态：常绿匍匐小灌木，高 0.75 m，冠幅达 3 m，贴近地面伏生。叶全为刺叶，3 叶交叉轮生，果呈球形（图 2-117、图 2-118）。

特征：喜光，喜湿润气候，适应性强，能在干燥的沙地上生长，喜石灰质的肥沃土壤，忌低湿地，耐寒。我国黄河及长江流域有栽植。铺地柏为常用庭园树种。

图 2-117　铺地柏外观　　　　　　　　　图 2-118　铺地柏枝条

三、藤类植物

1. 忍冬

形态：半常绿缠绕藤本，小枝中空，有柔毛。叶呈卵形至长圆状卵形，长 3 ~ 8 cm。花成对生于叶腋，花初开时呈白色，后变黄色，有香味，花期为五月、六月。浆果，呈球形、黑色，果期为八月、九月（图 2-119、图 2-120）。

特征：喜光，耐阴、耐寒、耐干旱和水湿，喜湿润、肥沃、深厚的沙壤土。我国辽宁省及华北、西北、华南地区均有种植。春夏花开不绝，有清香，适合作为绿廊、花架的垂直绿化。

图 2-119　忍冬外观　　　　　　　　　图 2-120　忍冬花

2. 五叶地锦

形态：攀缘藤本，长 20 m，幼枝带红色。卷须与叶对生，5 ~ 8 分歧，顶端具吸盘，叶互生，掌状复叶具 5 小叶，小叶呈椭圆状长圆形或椭圆形，长 4 ~ 10 cm，秋叶变红色。花期为七月、八月。浆果，呈球形、蓝黑色，果期为九月、十月（图 2-121、图 2-122）。

特征：喜光，稍耐阴，较耐寒，耐瘠薄土壤。我国华北、东北地区有种植。生长势强，多用于棚架或作地被植物。

图 2-121 五叶地锦红叶

图 2-122 五叶地锦绿叶

3. 山葡萄

形态：藤本，茎长 15 m 以上，枝条粗壮，幼枝红色。有卷须，叶互生，叶呈广卵形，长 10 ～ 15 cm，宽 8 ～ 14 cm。花呈黄绿色，花期为五月、六月。浆果，呈圆球形，黑紫色，果期为八月、九月（图 2-123、图 2-124）。

特征：喜光，稍耐阴，耐寒，常缠绕在灌木或乔木上。我国东北、华北、华东及内蒙古等地区有种植。生长速度快，常用于垂直绿化。

图 2-123 山葡萄外观

图 2-124 山葡萄果实

4. 凌霄

形态：落叶攀缘藤本，茎木质，表皮脱落，呈枯褐色，以气生根攀附于它物之上。叶对生，为奇数羽状复叶顶生疏散的短圆锥花序。花萼呈钟状，花冠内面为鲜红色，外面为橙黄色。雄蕊着生于花冠筒近基部，花丝呈线形，细长。花药呈黄色，"个"字形着生。花柱呈线形，柱头扁平。蒴果顶端钝，花期为五至八月（图 2-125、图 2-126）。

图 2-125　凌霄外观

图 2-126　凌霄花

特征：喜充足阳光，也耐半阴。适应性较强，耐寒、耐旱、耐瘠薄，病虫害较少，但不适宜生长在暴晒或无阳光下。以排水良好、疏松的中性土壤为宜，忌酸性土。忌积涝、湿热，一般不需要多浇水。喜肥沃、排水好的沙土。不喜欢大肥，不要施肥过多，否则影响开花。较耐水湿，并有一定的耐盐碱性能力。产在长江流域，河北、山东、河南、福建、广东、广西、陕西均有栽植，可作观赏植物。

5. 紫藤

形态：落叶攀缘缠绕性大藤本植物。干皮呈深灰色，不裂；春季开花，青紫色蝶形花冠，花呈紫色或深紫色，十分美丽（图 2-127、图 2-128）。

特征：紫藤为温热带及温带植物，对生长环境的适应性强。产自河北以南，黄河、长江流域及陕西、河南、广西、贵州、云南均有种植。花朵可食用。

图 2-127　紫藤外观

图 2-128　紫藤花

四、花卉

1. 一、二年生草本花卉

一、二年生的草本花卉是指当年春季或秋季播种，于当年或第二年开花结果的种类。其中春季播种的草本花卉均不耐寒，冬季到来之前就会枯死，如一串红、百日草、福禄考、翠菊、鸡冠花、矮牵牛、万寿菊、石竹、五色梅等（图 2-129 ～图 2-137）。

图 2-129　一串红

图 2-130　百日草

图 2-131　福禄考

图 2-132　翠菊

图 2-133　鸡冠花

图 2-134　矮牵牛

图 2-135　万寿菊

图 2-136　石竹

图 2-137　五色梅

2. 多年生长草本花卉

宿根花卉为多年生草本花卉，耐寒性强，在早霜后地上部分逐渐枯死，而地下部分休眠，第二年春天在天气转暖后逐渐发芽，继续生长，开花结实，一般种类几年到十几年连续开花不绝，如蜀葵、萱草、玉簪、芍药等（图2-138～图2-141）。

球根花卉为多年生草本花卉，地下部分具有膨大的变态茎，根呈球状或块状，统称为球根，如大丽花、美人蕉、郁金香、百合、唐菖蒲等（图2-142～图2-146）。

图 2-138　蜀葵　　　　　　　　图 2-139　萱草　　　　　　　　图 2-140　玉簪

图 2-141　芍药　　　　　　　　图 2-142　大丽花　　　　　　　图 2-143　美人蕉

图 2-144　郁金香　　　　　　　图 2-145　百合　　　　　　　　图 2-146　唐菖蒲

3. 水生花卉

水生花卉为生长在水中或沼泽地的花卉种类，如荷花、睡莲等（图2-147、图2-148）。

图 2-147　荷花

图 2-148　睡莲

第二节 植物种植形式和设计原则

一、植物种植形式

植物通过不同的种植形式，呈现不同的景观效果。常用的植物种植形式有孤植、对植、丛植、群植、绿篱和花境。

1. 孤植

孤植是单体的大型乔木或者灌木，依靠植物的优美造型形成空间的焦点，适于空间主景观的塑造（图2-149）。特别是在开阔的空间、大面积的铺装或水域中央，以单独的植物给人以强烈的视觉冲击。

2. 对植

对植是将同种类的树木进行成对栽植，以此形成呼应的景观效果。常见形式为道路两侧成对栽植的行道树，能够形成延伸的空间效果（图2-150）。

图 2-149　孤植

图 2-150　对植

3. 丛植

丛植是将几棵同一树种或不同树种的树木按照形式美的规律进行群体栽植。在整体形态上形成高低、层次的变化。常见的白桦、五角枫均可以进行丛植（图 2-151、图 2-152）。

图 2-151　乔木丛植　　　　　　　　　　图 2-152　灌木丛植

4. 群植

群植是以树木种植的形式，由乔木、灌木、花卉共同组成的自然群落。由于选择不同种类的植物进行组织，更加容易塑造空间的立体感，形成多彩的视觉效果（图 2-153）。

群植常见的种植形式为规则式种植和自然式种植两种。规则式种植是植物沿着铺装、道路或水体边缘直线式排列或者曲线式排列，效果规整，层次分明，比较严谨；自然式种植可以分为不等边三角形栽植和镶嵌式栽

图 2-153　群植

植。不等边三角形栽植是一种或两种单体的树木在平面上按照每连接三棵树中心点呈不等边三角形成组种植在一起的方式栽植，不等边三角形栽植容易形成高低错落、疏密有致的搭配效果；镶嵌式栽植是沿着景观特定区域进行栽植，在镶嵌群落中，每一个区域就是一个小群落，具有一定的树种分布。

5. 绿篱

绿篱是由灌木和小乔木以近距离栽植，经过修剪，形成篱笆状的植物种植形式。大致可分为常绿绿篱（图 2-154）、花篱和果篱。

常绿绿篱由常绿灌木或小乔木组成，常用的树种有雀舌黄杨、女贞、红瑞木、金叶榆等。

花篱常见的树种有杜鹃、栀子花、连翘等。

果篱是由果实鲜艳且具有观赏价值的灌木组成的，秋季结果，一般不做大的修剪。常用的树种有火棘、紫叶小檗、十大功劳等。

6. 花境

花境主要是利用宿根花卉、球根花卉及一、二年生草本花卉组合而成，栽植在树丛、绿篱、栏杆、绿地边缘、道路两旁及建筑物前，以袋状的形式进行栽植（图 2-155）。常选择花色比较鲜艳、装饰效果强的花卉进行栽植。

图 2-154　绿篱　　　　　　　　　　　　　　　图 2-155　花境

二、植物种植原则

1. 植物造景原则

植物在景观设计中，对造景的美观效果起重要作用。常见的设计方法有障景、框景、借景等。这些设计方法在使用的过程中，还要注重植物在立体空间中的均衡与对比、主次关系、节奏与韵律及季相变化。

（1）障景。障景是景观设计中比较常用的一种方法，即在入口或者空间节点处设置成片或者成组的植物进行视线遮挡，避免人们进入空间后将整体空间一览无余（图 2-156、图 2-157）。有时也采用孤植的树木或者雕塑、石材作为障景。

图 2-156　住宅小区入口前障景　　　　　　　　图 2-157　生态公园入口前障景

（2）框景。框景是通过窗框、植物遮掩所形成的窗口进行景观视觉空间的限定，特别适用于多层次景观中的彼此呼应（图 2-158）。

（3）借景。借景是指将远处的景观通过窗、洞等借用到所设计的景观区域，将远处的山水植物作为特定区域的远景层次进行使用（图 2-159）。

图 2-158　框景

图 2-159　借景

植物在景观设计中的应用还应当遵循构图的基本法则：

（1）均衡与对比。注重植物配置的整体均衡，注意小景观与整体景观的区域平衡，不宜将植物集中种植在某区域，使其他区域空白（图 2-160）。协调植物与建筑的对比，树木过高、过大会遮挡建筑，也会使建筑形象发生变化。

（2）主次关系。景观设计是通过植物的配置增加空间的层次感，为空间提供特定的艺术效果。因此植物种植应讲究主次关系（图 2-161）。所有的植物都是高大乔木，或者所有的植物都

图 2-160　均衡与对比

是矮小灌木，都无法塑造景观的空间层次感。景观设计中植物的配置应有主次关、乔木、灌木、花卉应有层次布置。景观与建筑同样也要有主次关系，景观设计的主次关系应与建筑的主次关系相呼应，使建筑和景观融为一体。

（3）节奏与韵律。植物种植应讲究动态构图，采用交替韵律、渐变韵律、交错韵律来避免单调的效果（图 2-162）。

（4）季相变化。考虑植物在四季中的变化，将观花植物、观叶植物、赏景植物分类栽植，使植物在不同的季节有不同的景致（图 2-163、图 2-164）。

图 2-161　主次关系

图 2-162　节奏与韵律

图 2-163　季相变化夏季　　　　　　　　图 2-164　季相变化秋季

2. 植物应用原则

景观设计中植物的应用以引导、配置焦点、分隔空间和遮挡为主要的功能。引导是在需要导示和标志的地方，配置一些植物，引导人群的方法，通常是使用具有标志性的树木或者绿篱进行引导；在入口或者出口、重要节点等需要成为焦点的地方，经常种植一些鲜艳、醒目的植物作为焦点，引领人们的视线；分隔空间经常用成组的灌木或者花篱进行，也是景观中分隔界面的常用做法；遮挡的作用比较直观，障景就是遮挡作用的一种体现，可以用一些丛生灌木或者高大乔木遮挡垃圾站点、配电箱等需要遮挡的空间。在以下空间中，植物的应用须特别注意：

（1）建筑入口处。建筑入口处的绿化不应影响人流和车流的正常出行，不能阻挡视线（图 2-165）。大型空间入口处的植物应有层次鲜明的造型，树木不宜高大；私人住宅入口处的植物应适于小尺度空间，可结合门口造型，增加景深，延伸空间，营造亲切宜人的空间感。

（2）建筑基础部分。建筑基础部分植物的种植不能靠建筑太近，避免遮挡建筑的立面（图 2-166）。一般多选用灌木、花卉等进行绿化布置，在墙基 3 m 以内不宜种植深根性灌木或乔木，可种植花卉或草坪等浅根系植物。基础前 5 ~ 8 m 之外可种植乔木，乔木分枝应向上生长，避免对建筑窗户造成干扰。

（3）建筑墙面部分。建筑墙面部分可设置五叶地锦、爬山虎、常春藤等攀爬类植物，但窗口较多，对采光有要求的空间，尽量不要种植攀爬类植物，避免遮挡光照（图 2-167）。

图 2-165　入口景观

图 2-166　建筑基础旁景观　　　　　　　　　图 2-167　公建墙面景观

三、植物配置设计的过程

在进行植物配置设计时，应根据场地的特征，进行整体的规划和设计，最终形成设计结果。

第一步需要建立植物配置设计的框架。需要确定主体植物的位置，比如形成框景、障景及作为主景观的树木的位置，确定所用树木的大概数量。

第二步需要根据主体植物，确定立面上的植物的位置，拉开乔木、灌木、花卉的层次，进一步确定植物立面上高度之间的变化，与周围的环境、建筑物形成良好的比例关系（图 2-168）。确定植物的高度，对于整体景观框架的形成至关重要。植物是烘托建筑的，在设计时植物的体量、高度要与建筑适应，避免植物遮挡建筑。

第三步根据植物的特性，以及植物在四季的变化，如植物叶子的颜色和花、果、枝的变化进行综合性的设计（图 2-169）。深绿色叶子的植物通常用作背景，浅色叶子的植物可以作为前景，与深色背景形成对比。花卉植物可以与绿叶做对比，绿叶与红花相得益彰、相互映衬才能塑造良好的植物效果。

第四步根据确定的植物种类和植物高度，将植物配置落实到施工图纸上，并在图纸上统计出植物的种类和数量，同时也须在施工图纸上确定植物的大小、组合形式等（图 2-170）。

图 2-168　选择主树　　　　　　　　　　　　图 2-169　植物组合设计

图 2-170 宅间绿化意向图

四、植物常用的平面、立面表现

植物的平面表现要求便于识别，特征明显。表现的形式应规范，并有明确的树种及胸径的说明（图 2-171）。

立面图中植物的位置、大小、数量应与平面图中的图示进行应，避免漏项。立面图上有特殊要求的应在图纸上有明确的标注。可用植物的投影表示出植物的前后关系（图 2-172、图 2-173）。

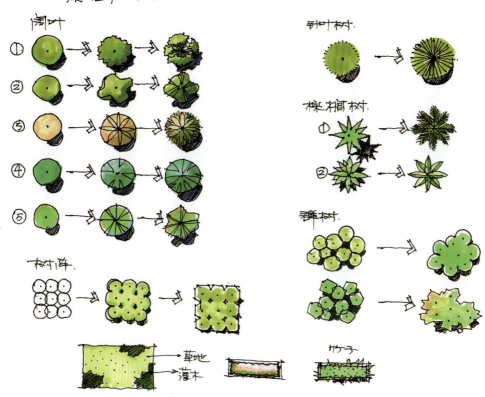

图 2-171　植物平面图

图 2-172　植物立面图

图 2-173　景观立面图

（图中标注：宅间绿化　广场　台阶　下沉广场）

第三节　植物的面积与成本控制

　　景观面积的大小决定植物面积的大小，植物面积的大小决定乔木、灌木、花卉等植物的数量的多少。另外，植物是不断生长的，种植过疏过密都会影响植物的生长和景观的效果。植物配置的种类和数量直接关系到总成本，应对景观面积和成本进行有效的控制。

1. 景观面积构成

　　景观面积包括泳池面积、软景面积、硬景面积、水景面积、架空层面积、车行道路面积和其他设施面积。也可以用总用地面积减去建筑覆盖面积（建筑基地面积）得出景观总面积。架空层如果进行景观设计应算到景观面积内，如仅作为建筑基层设备层，则计入建筑面积。构筑物、雕塑及小品、园林家私、小区围墙、景观栏杆等景观元素也包含在景观面积范围内。为了维护正常的水景及照明等设备的正常运行，灌溉系统、室外电气系统、照明系统也需要在景观设计中进行安置。水景面积并不包括大型水景，如湿地和人工湖。大型水景成本须另外计算。景观面积的具体计算方法如下：

　　景观面积＝用地面积－建筑覆盖面积＋架空层面积（架空层有景观）

　　除此以外，景观面积还包括运动场地（图2-174）、儿童活动场地（图2-175）、老人活动场地（图2-176）等占用的面积。

图 2-174　运动场地

图 2-175 儿童活动场地

图 2-176 老人活动场地

2. 景观面积控制比例

景观面积可分为硬景面积和软景面积。硬景面积是指石材、铺地等硬质材料的面积；软景面积是指植物等软质材料的面积。一般情况下硬景面积：软景面积＝3：7。

其中，硬景由非石材和石材组成，非石材面积：石材面积＝3：7；软景由灌木和草坪组成，乔木不占景观面积，灌木面积：草坪面积＝3：7。

从成本角度考虑，泳池和水景的面积越大，成本也越大。因为水景成本不仅包括建设成本，还包括水景维护的费用。

一般情况下，（泳池面积＋水景面积）：景观面积 ≤ 5%。

车行道路、架空层和其他设施面积应根据项目的不同定位而确定，普通道路考虑经济适用性，一般选择沥青路面（图 2-177），高档住宅区道路可选择石材或防腐木等高档材料进行铺设（图 2-178）。

图 2-177 沥青路面

图 2-178 石材路面

3. 植物控制比例

植物按照种类的不同和胸径的不同，价格也有所不同。以乔木为例，胸径 0.35 m 以上的乔木每一棵价格在 3 万元左右，胸径在 0.2 m 以下的乔木每棵价格为 1 000 ～ 1 500 元，相差比较大。在植物配置中，应慎重选择乔木的数量和大小，如果胸径大的乔木比较多，成本必然会比较高。一般情况下，乔木的数量应控制在 35 m^2/ 株以下，乔木的种类应控制在 25 种以内，灌木的种类应控制在 35 种以内。常绿乔木与落叶乔木种植数量的比例建议控制在 1：3 ～ 1：4（图 2-179 ～图 2-181）。

图 2-179 庭园植物

图 2-180 庭园墙边植物

图 2-181 庭园造景植物

　　植物的成本比例非常重要，特别是硬景和软景的比例，直接影响景观成本。以表 2-1 为例（2020 年价格），一个区域的乔木用得越多，成本就会越高。为了保证景观效果，需要综合性地进行树种的选择和搭配。此外，树木的分支点及胸径的大小也直接影响景观的成本，需要根据不同地域的树种价格进行综合评价。乔木的数量配比可参照以下配比方式。

　　特大乔木数量：大乔木数量：中小乔木数量 ＝ 1 ： 2 ： 7。

表 2-1　乔木类别及价格

类　别	胸　径	价　格
特大乔木	胸径 0.35 m 以上	可按 25 000 ~ 30 000 元 / 棵计算
大乔木	胸径 0.2 m 以上	可按 8 000 ~ 10 000 元 / 棵计算
中小乔木	胸径 0.2 m 以下	可按 1 000 ~ 1 500 元 / 棵计算

◉ **课后训练** ···◉

1. 列举 10 种北方常见的植物并说明其特征。

2. 分析图 2-182 中的植物种类和布局特点。

3. 在图 2-183 所示现有地块内进行植物配置。

图 2-182　景观植物

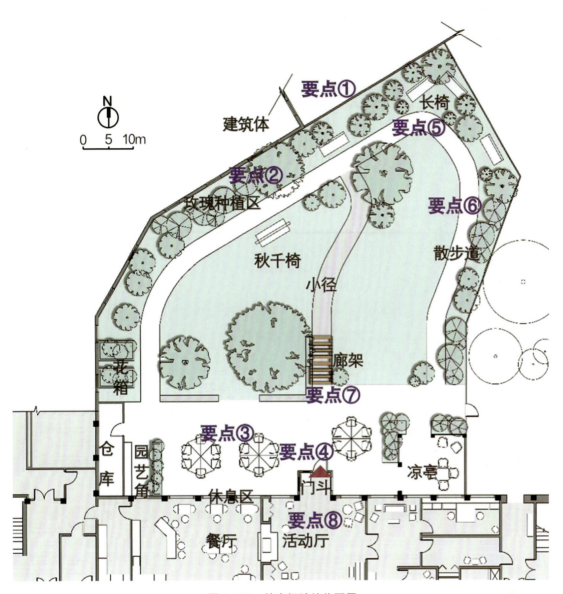

图 2-183 特定场地植物配置

第三章 | 景观造园方法

第一节 ● 石材选择与铺装设计

石材可以分为景观石材和铺地石材。景观石材经常使用的是太湖石、雪浪石、英石等。太湖石是比较贵重的景观石材，苏州留园中著名的冠云峰就是太湖石（图 3-1）。太湖石讲究"瘦、漏、透、皱"。瘦是指太湖石的形象比较高瘦，漏是指石头上垂直方向有相通的孔洞，透是指水平方向有相通的孔洞，皱是指石材表面要有纹理。太湖石既可以单独成景，也可以成片进行景观石的塑造。

图 3-1 留园冠云峰

铺地石材按照表面处理情况可以分为光面、麻面、火烧面（图 3-2）、拉丝面、自然面、蜂包面、蘑菇面（图 3-3）、荔枝面（图 3-4）、手打面、机切面、凿毛等，可以根据景观设计需要和不同部位的要求来进行选择和使用。对于不同的表面处理，要求火烧面、镜面、毛面的最小厚度为 20 mm，荔枝面、拉丝面为 25 mm 以上，斩假面为 30 mm 以上，自然面、蘑菇面都需要 50 mm。

蘑菇面是指由于风化作用，岩石表面顶部大、基部小，像蘑菇的形状，面积比较小的蘑菇石应用于室内称为文化石。

图 3-2　火烧面

图 3-3　蘑菇面

图 3-4　荔枝面

铺地石材还可以分为自然石材和人造石材，按照成分可分为岩浆岩，如花岗石（图 3-5）；沉积岩，如石灰岩、砂岩（图 3-6）；变质岩，如大理石（图 3-7）等。

图 3-5　花岗石

图 3-6　砂岩

图 3-7　大理石

1. 大理石

大理石品种繁多、石质细腻、抗压性强、吸水率小、耐腐蚀、耐磨、耐久性强。大量应用于室内墙面、地面、柱面、楼梯踏步，也应用于台面、门面等部位。由于大理石的主要成分是碳酸钙，在空气中容易被二氧化碳氧化，因此主要应用于室内。

大理石按颜色划分，可分为：

红色：红洞石（图 3-8）、珊瑚红。

白色：白洞石、白水晶、老木纹、雪花白（图 3-9）。

黑白：黑白根、黑金花（图 3-10）。

米黄：世纪米黄（图 3-11）、水晶米黄。

图 3-8　红洞石大理石

图 3-9　雪花白大理石

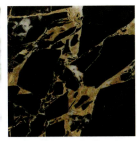
图 3-10　黑金花大理石

图 3-11　世纪米黄大理石

2. 花岗石

花岗石结构细密、耐酸耐磨、吸水率小，广泛应用于室内外。缺点是自重比较大、质脆、耐火性不高，常用尺寸为 300 mm、400 mm、500 mm、600 mm、900 mm，厚度为 20～50 mm。

花岗石按颜色划分，可分为：

黑色：黑金沙、蒙古黑、芝麻黑、福鼎黑（图3-12）、珍珠黑。

灰白：芝麻白、芝麻灰（图3-13）、竹叶青、梦幻黑、浪花白、雪莲花。

红色：中国红、印度红（图3-14）、雪里红、樱花红。

绿色：豆绿、孔雀绿（图3-15）。

黄色：玫瑰黄（图3-16）。

图3-12　福鼎黑花岗石

图3-13　芝麻灰花岗石　　图3-14　印度红花岗石　　图3-15　孔雀绿花岗石　　图3-16　玫瑰黄花岗石

自然石材按照产地划分，可分为国产石材和进口石材。进口石材色泽、纹理、加工技术比较独特，在外观及性能方面优于国产石材。特别是在塑造异域风情及高档场所中，使用进口石材较多。但进口石材由于运输等原因，成本高于国产石材，且容易造成工期上的延误。

主要使用的进口石材有维多利亚金麻、波罗的海花（图3-17）、维纳斯白麻、西班牙白麻（图3-18）、波斯米黄、法国木纹（图3-19）、土耳其紫罗兰（图3-20）、维纳斯白。

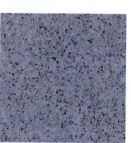

图3-17　波罗的海花　　图3-18　西班牙白麻　　图3-19　法国木纹　　图3-20　土耳其紫罗兰

3. 砂岩

砂岩是一种沉积岩，具有隔声、吸潮、抗破损、抗风化、易于清理的特点。砂岩有层层沉积的纹理，色调淡雅，广泛应用于雕塑、室内细部装饰等位置。

砂岩按颜色划分，可分为：

红色：澳洲砂岩、直纹砂岩（图3-21）、红砂岩、红木纹砂岩。

黄色：山水纹砂岩（图3-22）、波浪纹砂岩、虎皮纹砂岩。

绿色：绿砂岩（图3-23）（绿砂岩的表面效果与生活中常用的砂纸很接近）。

4. 鹅卵石

鹅卵石按照石头直径的大小进行区分，常见的颜色有黄、白、黑、灰四色（图3-24）。

鹅卵石通常以"m²"为单位进行出售，1 m²鹅卵石可在20 m²面积上铺25 mm厚，如果鹅卵石或砾石地面靠近房屋，最后的表面必须在建筑防潮层以下60 mm，并设置一个从建筑向外倾斜的1：100的斜面，以利于雨水排放。

图 3-21　直纹砂岩

图 3-22　山水纹砂岩

图 3-23　绿砂岩

图 3-24　鹅卵石

5.　人造石材

人造石材重量较轻，具有天然石材的花色和纹理，塑性强，易于粘贴，没有辐射，使用安全，在室内装饰于台面或景观设施中使用较多（图 3-25）。景观设计中，在假山或单独成景的石材选择上，以太湖石、雪浪石（图 3-26）比较常见。除了石材之外，景观铺地还可以用沥青（图 3-27）、混凝土砖（图 3-28）、塑胶、防腐木（图 3-29）、植草砖等进行铺贴。

在进行景观设计时，经常多种材质综合运用，地面经常采用拼花或者拼贴，塑造不同的效果（图 3-30、图 3-31）。

图 3-25　人造石材

图 3-26　雪浪石

图 3-27　沥青

图 3-28　混凝土砖

图 3-29　防腐木

图 3-30　地面汀步铺贴

图 3-31　地面铺贴

第二节　景观水体的形式与组织

水体设计是景观设计中的重要组成部分。水体不仅形态多样，而且不同季节水的颜色也会发生变化。在景观设计中，可以设计很多亲水项目，增加景观的灵活性。因此在景观设计中，水体设计与整体设计的效果密切相关。

水体形式是多样的。明代袁中郎曾用"水突然而趋，忽然而折，天回云昏，顷刻不知其千里；细则为罗谷，旋则为虎眼，注则为天坤，立则为岳玉"来描述水体的动感和变化。按照水的形态可以将水体分为静态水体和动态水体两大类。静态水体包括湖泊、水池（图3-32），静态水容易腐败，需要及时进行更新和清理；动态水体可以分为喷水、叠水、流水等多种形式。流水比较常见的有线状、帘状及飞落等形式（图3-33）。叠水是将高差进行分段，使水流层

图 3-32 景观水池

层叠落，形成有层次的水流景观（图3-34）。动态水可以通过地形高差和人工水泵进行水循环，缺点是设备需要定期检查和维护，成本投入较大。

图 3-33 线状流水

图 3-34 叠水景观

在水体的形状处理上，如果是现代风格或者边缘规整的地方，经常采用规则式的边缘设计；如果塑造的是自然式风格，采用曲线的形式更加适合。在实际的设计中，往往没有绝对的自然式和规则式的划分，须根据场地的实际情况进行规则式和自然式的混合使用。

在进行水体设计时，水边的植物及水中的鱼类都属于设计的重要内容。

第三节 景观建筑与景观小品布置

景观建筑与景观小品都是景观设计中非常重要的组成部分。景观建筑包括常见的亭、台、楼、榭、廊、舫、斋等，景观小品包括导向标识、垃圾箱、路灯、雕塑、座椅等。

一、景观建筑的类型

1. 亭

"亭"字音同"停"，经常设置在半山腰或者游览线路的节点上，是"如果走累了，可以停一停"的地方。亭的种类很多，有中国古典的亭，也有欧式和现代风格的亭。从材料上来讲，有木亭、砖亭、钢筋混凝土亭等多种形式。中国古典的亭有不同的平面和屋顶形式，比如圆攒尖亭、方

攒尖亭、八角亭等，既可以是单檐，也可以是重檐等，经常结合周围的环境进行设计（图3-35、图3-36）。

图 3-35　竹亭

图 3-36　玻璃亭

在我国生产力较低的时代亭作为重要建筑物而存在，有关亭的建造描述也较多，"土堆亭"就是亭建造的重要例证，传说鲁班和徒弟们修建一个亭子，亭子的柱子和顶盖都是由石头制成的，柱子做好以后，由于顶盖重量大，于是如何将硕大的顶盖搁置在柱子上就成了难题。试了很多办法，都没有达成目的。鲁班看了看建成的柱子，又看了看柱子周围的环境，便叫匠人们先用土把柱子掩埋，形成类似小土山形状的土堆，土堆建成后，顺着土堆的坡向将顶盖向堆顶推，直到将屋顶推到柱子的上方，搁置在柱子上。顶盖安置妥帖后，将掩埋柱子的土挖走，便成功地建成了石亭，这就是传说中的"土堆亭"。这个故事反映了中国古代匠人如何灵活地应用当地条件，解决施工过程中出现的问题。

随着人现代技术的日新月异，各种材料和技术建造的亭不断出现，常见的有玻璃亭，竹亭、索膜结构亭等多种形式，丰富了景观空间中的建筑物造型。

2. 台

《吕氏春秋·仲夏纪》高诱注："积土四方而高曰台。"由此可见，台是四方的平面，筑土坚固高耸。台上往往建有屋室。早期的台是山岳崇拜的产物，古代园林中经常应用，比较著名的是汉代长乐宫鸿台，"上起观宇，帝尝射飞鸿于台上"（《三辅黄图·长乐宫》）；曹魏时期的铜雀台，平时可以进行歌舞娱乐，战争时期台的下方还可以成为军事堡垒。现代的台经常与榭结合起来，成为"台榭"，是一种登高观景的建筑形式（图3-37）。

图 3-37　高台建筑

3. 楼

楼为多层建筑，常在景观园林的视线焦点进行修建，可以为观赏者提供登高远眺的平台。颐和园中万寿山的佛香阁是景观园林中楼的典型代表（图3-38）。佛香阁建筑在万寿山前山高20 m的方形台基上，南对昆明湖，背靠智慧海，各建筑群严整而对称地向两翼展开，形成众星捧月之势。佛香阁高41 m，8面3层4重檐，阁内有8根巨大铁梨木擎天柱，结构相当复杂，是乾隆为其母庆寿而建。

4. 榭

在现代设计中，榭经常被用作临水的建筑，也可以用作花海旁的建筑，也就是人们常见的"水榭"和"花榭"。榭的主要特征是三面临空，一面贴建筑，临空面设置可以观景的靠椅（图3-39）。榭的造型一般比较轻盈，屋檐出挑比较深远。榭是建在台上的建筑，水面或花卉形成相簇拥的背景。榭没有房间的设置，仅供人们赏玩和休憩用。

图 3-38　佛香阁　　　　　　　　　　　　　　　图 3-39　水榭

5. 廊

中国景观建筑中廊的使用非常广，有单面的廊也有双面的廊，廊的设置一般都采用弯弯曲曲的形式，增加空间的延伸感，也能增加园中游览的情趣（图 3-40、图 3-41）。北京恭王府的廊在设计时，仅设一步台阶，取义为"一步登天"，在廊的至高处设置平台，取"平步青云"之意。由于中国传统文化中，"福"与"蝠"同音，在廊下用倒置的蝙蝠进行装饰，表示"福到"。廊可以有效地增加空间层次感，在雨雪天，也能为使用者提供遮挡的空间。

图 3-40　廊　　　　　　　　　　　　　　　　图 3-41　户内廊

6. 斋

《说文解字》中提道"斋，戒洁也"，原意为祭祀或典礼前洗心洁身，以示庄敬。斋本是祭祀前或举行典礼前清心洁身的场所，后来由于被广泛用作书房和饭店，故也用斋来衬托精神需求比较高的景观场所（图 3-42）。斋的体量比较小，格调比较素雅，没有大量的装饰。

图 3-42　漱芳斋

7. 舫

舫是船型的建筑，建在水面之上，可以建造一到两层。庄子曰"无能者无所求，饱食而遨游，汎若不系之舟"，舫成为古代文人隐逸江湖的象征。舫一般分为两种，一种是比较写实的，以建筑的手段模拟现实中真船的舫，如北京颐和园的清晏舫是非常著名的写真石舫（图 3-43）；另一种是集萃型的舫，表现为多种个体建筑集萃而成，拙政园香洲即是集萃型的舫（图 3-44）。

图 3-43　清晏舫

图 3-44　香洲

二、景观小品的设计

景观小品设计应该与整体景观风格和效果保持一致，而且景观小品的精细程度直接反映了整体景观的精致程度。

1. 导向标识

导向标识的主要作用是通过文字、符号、指向图形指示方向、示意说明，为景观环境提供秩序和路线（图3-45）。导向标识作为指导性的标识物，需要具有醒目、指向性强等特点。如果导向标识混乱，就会造成人们对方向的困惑（图3-46）。

图 3-45　导向标识

图 3-46　混乱的导向标识

2. 垃圾箱

垃圾箱是景观小品中的重要部分。垃圾箱是收集垃圾的物品，既要保证垃圾能够被大量收集，又要求美观，特别是不同区域的垃圾箱都要与整体的风格保持一致。垃圾应按照回收要求进行分类，收集口便于垃圾的置放，尽量避免垃圾气味及汤汁的外溢（图3-47、图3-48）。

3. 照明

照明的内容不仅仅有路灯，草坪灯及水景灯等都是照明的内容。夜景照明能够烘托气氛、渲染场景效果、提升重点部位的辨识度，也能够指明观赏

图 3-47　垃圾箱

路线。照明应尽量考虑节能，避免光污染。草坪灯的高度一般为 0.3 ～ 0.4 m，通常安放在草地边或者路边（图3-49）；庭院灯的高度为 2 ～ 3 m，用于庭园路、广场和绿地（图3-50）。

光源比较常见的有白炽灯、卤钨灯、荧光灯、荧光高压汞灯、钠灯、金属卤化物灯、氙气灯、LED 灯。

（1）白炽灯是应用最为广泛的光源，价格经济，使用寿命长，但是发光色调偏红，光照效果较差。

（2）卤钨灯亮度高、光效高，主要应用于大面积照明。

图 3-48 现代造型垃圾箱

图 3-49 草坪灯

图 3-50 庭院灯

（3）荧光灯又被称为日光灯，光效高、寿命长，灯管表面温度低，发光色调偏白，应用广泛。

（4）荧光高压汞灯耐振、耐热，发光色调偏淡蓝、绿，广泛应用于广场、车站、码头。

（5）钠灯是利用钠蒸气放电形成的光源，光效高、寿命长，发光色调偏金黄，多应用于广场、道路、停车场、园路照明。

（6）金属卤化物灯接近太阳光，功率大，但是使用寿命短，常用于公园、广场等室外照明。

（7）氙气灯是惰性气体放电光源，光效高，启动快，应用于面积大的公共场所照明，如广场、体育场、游乐场、公园出入口、停车场、车站等。

（8）LED 灯是以发光二极管为发光体的光源，是 20 世纪 60 年代发展起来的新一代光源，具有高效、节能、寿命长、光色好的优点，大量应用于景观设计。

不同光源的特性可参见表 3-1。

表 3-1 不同光源的特性

类型	额定功率范围 / W	光效 / (lm·W^{-1})	平均寿命 / h	显色指数 Ra
白炽灯	10 ~ 100	6.5 ~ 19	1 000	95 ~ 99
卤钨灯	500 ~ 2 000	19.5 ~ 21	1 500	95 ~ 99
荧光灯	6 ~ 125	25 ~ 67	2 000 ~ 3 000	70 ~ 80
荧光高压汞灯	50 ~ 1 000	30 ~ 50	2 500 ~ 5 000	30 ~ 40
钠灯	250 ~ 400	90 ~ 100	3 000	20 ~ 25
金属卤化物灯	400 ~ 1 000	60 ~ 80	2 000	65 ~ 85
氙气灯	1 500 ~ 100 000	20 ~ 37	500 ~ 1 000	90 ~ 94

4. 游戏设施与健身设施

小区中的游戏设施一般针对 12 岁以下儿童设计，活动时需要家长陪同，因此在设计儿童游戏设施时，应考虑家长看护的空间。游戏设施应符合儿童的身体和行为的尺寸，注重儿童设施材料的安全性。常见的儿童设施有滑梯、秋千、跷跷板等（图 3-51、图 3-52）。

健身设施适于 12 岁以上少年及成人使用，一般设置在比较独立的区域，与周围的环境结合。

图 3-51　儿童活动场地（一）

图 3-52　儿童活动场地（二）

5. 雕塑

在景观中比较常见的雕塑形式包括透雕、浮雕和圆雕。随着现代材料的不断更新，雕塑的材质种类也在不断增多，金属（图 3-53）、木材、混凝土、树脂（图 3-54）、石材、陶瓷（图 3-55）都被广泛使用。雕塑可以通过特定的形式美传达一定的意境，如韩国某海边有一个雕塑，退潮时，雕塑完整地裸露在外，是一段三层左右的楼梯，人们可以爬到楼梯上。等到涨潮时，海水将吞没楼梯的下部，使人感觉楼梯一部分是悬浮在水面之上的。

图 3-53　蜘蛛雕塑

图 3-54　兔子雕塑

图 3-55　变色龙雕塑

景观雕塑的设计要点见表 3-2。

表 3-2　景观雕塑的设计要点

序号	整体效果要点
1	主题雕塑需与景观设计方案风格相符，同时需与周边城市景观氛围及所在城市文化特征相符
2	主题雕塑宜生动、有趣、通透，尺度适宜，并能反映商业广场气氛，同时美化城市环境
3	情景雕塑宜反映主题氛围或当地文化特色，人物尺度需要与周边环境尺度相匹配
4	主体结构合理，并符合国家安全使用规范。提供结构计算书并由具有相关资质的设计单位签章后，由结构专业复核
5	活动尺度范围内不得出现尖锐等易磕碰伤人的造型，并考虑圆角设计
6	采用材料需安全，并考虑日后维护的可操作性和考虑防盗安全设计
7	设置安全提示信息
8	夜景照明设计应防止烫伤、触电危险，以免因灯光引起正常活动顾客、业主的视觉失能或不舒适感

序号	整体效果要点
9	雕塑主体设计须考虑夜景效果，若自身未设计一体化夜景，须设计外部光源，设计效果应与灯光色温、显色性、照度（亮度）、灯具功率、光束角匹配。灯具不得外露，应嵌地里或隐蔽安装
10	灯具应隐蔽不影响白天景观，不能隐蔽的灯具外观、造型、材质应与景观协调
11	深化设计图册包含雕塑名称及简介；多角度照片或效果图、模型图；各部位控制尺寸；各部位详细材料颜色、名称、厚度，并附材料色板；安装底座尺寸、结构、水电等要求
12	必须制作雕塑小样，根据雕塑体量大小确定小样制作比例，尺寸控制在 30 ~ 40 cm
13	根据景观建造标准，雕塑方案深化及施工投标均需提供准确的成本估算，满足建造成本标准。成本优化必须以保证效果为前提

6. 座椅

座椅是景观环境中常见的"家具"，也是为人们提供休息和交流的场所。座椅的设计可以沿着行进的路线进行设置，也可以在空间的节点上选择区域进行设置（图 3-56、图 3-57）。因为座椅常年在外环境中暴露，容易遭到风吹雨淋、日晒、人为破坏，所以座椅的材质应考虑采用便于清理、防腐耐磨的材质进行制作（图 3-58）。在澳大利亚悉尼有一把非常著名的石椅，是麦考里夫人的椅子（图 3-59）。麦考里总督每 5 年要回英国汇报一次当地的情况，由于路途遥远，当

图 3-56　场地内造型座椅

时交通又不发达，往返一次需要 28 个月。麦考里夫人就每天到这里来画悉尼海港的景色等待丈夫回来，现在这里已经成为澳大利亚著名的景观。

图 3-57　场地内　　　　图 3-58　巴塞罗那陶瓷座椅　　　　图 3-59　麦考里夫人的石椅
　　造型座椅

7. 其他景观小品

除了雕塑、座椅、垃圾箱等设施，树下的绿化、井盖的设计也都是景观小品的一部分。这些景观小品代表着景观细节，能够反映景观整体的文化性（图 3-60 ~ 图 3-62）。

8. 适老化景观设计

随着社会对老年人和弱视人群的关注，景观设计中越来越注重适老化的设计。对于适老化的景观设计而言，景观中的安全性、便捷性、趣味性是适老化设计的重要内容。

（1）安全性。安全性不仅指道路的无高差设计以及无尖角设计，还包括轮椅在行进或停留时不会由于坡度较大而滑行以及植物在选择的时候，应避免飞絮等易过敏的植物等多种安全性。随着智

图 3-60 树下景观小品

图 3-61 井盖景观小品

图 3-62 井盖拼花景观小品

能技术的进步，在现代景观设计中，可以加入智能报警等功能，为老年人和弱势群体提供安全的景观环境（图 3-63）。

（2）便捷性。便捷性在景观设计中尤为重要，特别是由于老年人行动不便，减少蜿蜒曲折的路径设计，适当考虑风雨连廊等便于老年人在雨雪天进行室外活动的场所。同时，由于老年人视力的减弱以及身体行为能力的降低，增加夜晚的照明，减少行进路线的长度，都能够为老年人的生活增加便利。不仅如此，很多老年人要照顾儿童，将老年人的活动场地与儿童的活动场地进行临近布置，并保证儿童活动区域视线的开阔，也能增加老年人景观环境的便捷性。

图 3-63 轮椅放置空间

（3）趣味性。增加景观环境中的颜色，能够为老年人的精神感受增加愉悦。可以将步行道以及休闲区设计成彩色的，比如 100 m 的步行道为蓝色的，300 m 的步行道为绿色的，500 m 的步行道为黄色的等，能够增加老年人对空间和长度的认知，也能增加景观使用者的愉悦感。

 课后训练 ··◎

在图 2-183 所示现有地块内进行筑山理水及建筑物、建筑小品的综合设计。

第四章 | 景观设计的程序

课程重点

1. 理解景观设计的原则。
2. 掌握景观施工的顺序、景观施工图的内容及审核要点。

　　景观设计是通过对场地和周围环境的分析，综合性地解决室外景观的问题，以及通过设计，改造景观环境，提升场景效果的设计过程。同时，景观设计也是一个动态调整的过程，在不断的调整中，使设计功能更趋于合理，设计效果更优化。景观设计和建筑设计、室内设计在效果呈现上有很大区别。建筑设计和室内设计能够通过制作效果图非常明确地进行拟定设计效果的展示，但是景观设计由于树形、树种需要在实际施工时才能确定，所以经常使用现有的图片进行植物效果的展示。

　　景观设计需要设计师有丰富的经验。特别是中国古典园林是在中国传统文化的影响下形成的（图4-1），设计师要经过深入的思考和学习，才能了解和掌握园林景观的设计方法（图4-2）。同时，景观设计还需要与国际先进的文化进行沟通，与时俱进，将设计方法与国际化进行对接，创造更加生动的景观空间（图4-3）。

图 4-1　网师园实景

图 4-2　中式景观设计

图 4-3　巴塞罗那城市景观

第一节　景观方案设计

　　景观设计包含场地设计、动线和功能分析、植物配置等多方面的内容。景观设计是综合性比较高的学科，植物的生长带动场景效果的变化，人在景观中的活动和生活也是动态的，因此在设计中应用动态的视觉审视空间。

一、场地设计及分析

　　场地设计主要是对场地高差的处理和场地特征问题的分析（图 4-4 ～图 4-6）。首先，需要处理的是场地周边的市政标高和场地内的标高问题。场地内的设计标高应高于市政道路标高，便于场地内的排水能够与市政进行结合，有效防止场地内涝。如果场地标高低于市政标高，就要考虑设泵等排水方法。其次，要清楚地知道场地内的高差布局，以便对场地内的地表进行合理规划，保证场地内的排水有效组织，并应注意场地内排水与市政排水设施的对接。场地内的雨水井盖、市政井盖位置应合理组织，避免过度集中。最后，塑造场地内小区域的场地高差，保证植物根系排水良好。

以原规划红线为基础，南北各退 7 m，东侧退 13 m，形成 **下沉湖区**，面积 **16 510 m²**

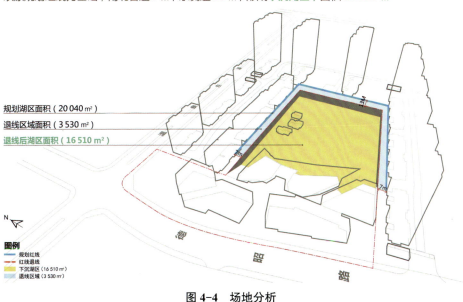

图 4-4　场地分析

商业区与下沉湖区高差为 **9 m**，居住区与下沉湖区高差为 **9.6 m**

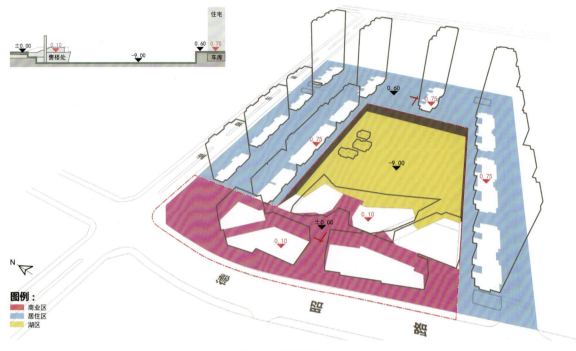

图 4-5 场地高差

D : H（场宽：楼高）< 3:4 时，场地给人以压迫感

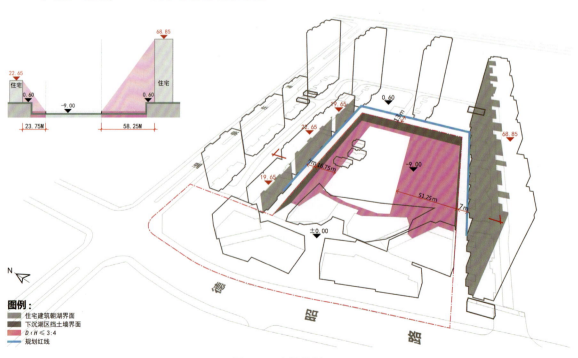

图 4-6 空间分析

二、主题设定

　　主题是所有设计的依据,景观设计一定要有一个主题,一般和建筑的风格保持一致。如果为了凸显景观的特色,也可以用单独的主题作为景观的主题,如老龄社区的景观设计、生态植物园的景观设计等特定的主题。

三、动线分析

　　景观的动线分析主要是根据人和车的动线,分析整个场景区域道路和小区路径的设置。国外很多场地的景观在设计之初,会先让人们在场地内随意经过,经过一段时间,场地内会形成人经常行走的路径。然后在这些路径上设计道路。实践结果表明,这样设计后,穿越草坪的人少了,而且景观道路使用频率也比较高。人在行进过程中,有喜欢走捷径和目的性强的特点,如果脱离人们的需要进行设计,就会导致设计的结果容易被人破坏。为了更好地进行景观的路线设计,需要景观设计师对动线进行细致的分析,特别是住宅小区,应考虑人车分流、消防通道的可达性,保证住区人群的安全(图4-7)。

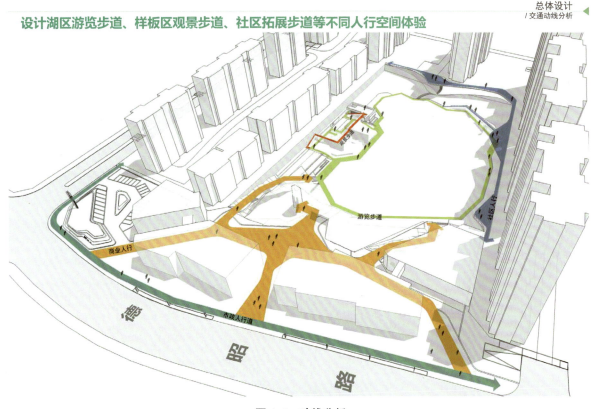

图 4-7　动线分析

四、功能分析

　　功能分析是对所设计场地的功能进行全面的分析,应从宏观的角度,考虑功能和功能之间的相互关联,考虑带有污染性质的区域的位置设置,以及动静之间的分隔等功能性的问题(图4-8)。功能分析能够明确各个区域的使用功能,便于景观设计师有针对性地进行设计。

图 4-8　功能分析

五、场景设定

　　场景设定是与主题设定相适应的。例如，如果以老年人为主题进行景观设计，就要设置便于老年人活动的区域，包括设置环形的步道、无障碍座椅等。如果是主题公园的景观设计，灵活性可以得到更大的释放，如以恐龙为主题，景观中可以出现行走的恐龙、恐龙的巢穴、飞行的恐龙及海底的恐龙等多种场景，丰富空间的层次，使景观更加吸引人。场景设计之前，景观设计师要对场景设定的地点进行结构性的分析，例如哪些地方要设计主要的场景，哪些地方可以设计一些辅助性的次要场景（图 4-9、图 4-10）。

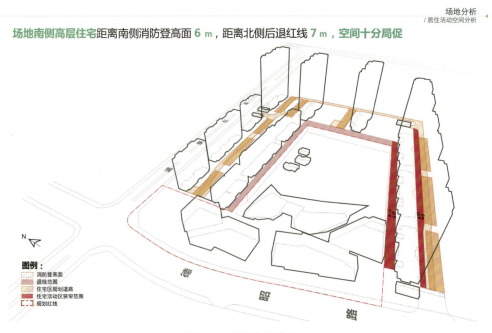

图 4-9　场地空间分析

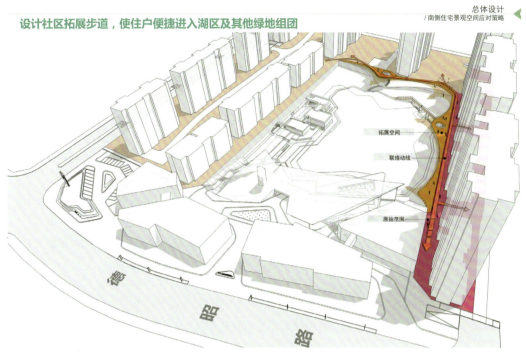

设计社区拓展步道，使住户便捷进入湖区及其他绿地组团

总体设计
/ 南侧住宅景观空间应对策略

拓展空间

联络动线

原始范围

德

路

路

图 4-10　场景的设定

六、植物配置

　　植物的配置是在设计之初就要进行确定的内容，主要因为树种具有季节性特征，需要时间进行选型和寻找特定的供应商提供树种。为了选择好的树形，景观设计师往往需要进山实地选择，因此主要的乔木和树种必须在设计之初进行确定。此外，由于景观成本需要在设计方案时进行计算，所以树种需要尽早确定；考虑到树木的栽植季节直接关系到成活率，植物配置应尽早确定（图4-11）。

专项设计
/ 植物种植

种植原则：
1. 植物选择以**乡土物种**为主，保证景观效果以及节约成本。
2. 商业街种植风格以简洁、规则为主，生态湖区种植风格以生态为主，同时注意水生植物的选择。

河北省常用园林植物选择：

图 4-11　植物配置

七、方案形成

　　方案是基于对场地基本特征和问题综合性思考产生的，结合委托方的意见，展示出最优化的景观效果（图4-12）。这里的最优化设计是指在成本合理、施工周期合理的情况下产生的设计方案。以住宅的景观设计为例，应注重以下元素是否合理：

　　（1）单元入口应结合消防通道、登高面考虑，不得对消防通道、消防设施、登高面等产生影响。

　　（2）所有景观元素不得存在消防、尖锐、坠落、滑倒、绊倒、碰撞、易燃、溺水等安全隐患。应按照日照分析设计儿童活动场地，儿童活动场地应设计坐凳等小品且所有景观小品均须倒圆角或设计其他防磕碰防护措施。

　　（3）园路台阶数不应少于2阶，不得出现一步台阶。建筑首层室内外高差应为60～90 cm。

　　（4）围墙高度不得低于3 m，有条件的项目宜做到3.6 m，围墙墙垛宜为0.8～1.2 m。

　　（5）消防通道、车行道路铺装石材的厚度应为5 cm，其他部分厚度为3 cm，材料颜色应以暖色为主。

　　（6）所有植物不得选用有毒，易产生飞絮、飞粉等容易引起人体不良反应及存在安全隐患的品种，近人区禁止使用带刺及针叶类植物。

　　（7）在水景、户外设施、坡道、假山叠石等处应采取安全防护措施，并配备使用说明及安全警示提示。

　　（8）不得采用无防滑措施的光面石材、地砖、玻璃等。地雕不得设置在人行通道和广场上。

　　（9）须核实覆土条件是否满足覆土2 m，荷载按照2.5 m覆土厚度计算，容重取18 kN/m³。

详细设计
/ 商业内街效果图 ◄

图4-12　景观效果图

第二节 景观方案推敲及调整

一、景观轴线的确定

景观轴线需要根据场地的特征进行确定，比较规则的场地形状经常有比较明确的直线作为轴线，景观轴线为一条主要的轴线，轴线上设置重要的雕塑或植物等作为景观节点，其余多条辅助轴线与主轴线进行连接，形成有主有次的层级关系。但是对于比较复杂的场地，确定直线非常困难，应根据场地特征设置连续的曲线作为轴线，进行整个场地景观的布局和设置。

轴线一方面能够将场地中的主要景观节点进行串联，另一方面也是场地内消防的主要干道，场地内的道路经常围绕主轴线呈现环状，这样就能够保证火灾发生时消防车能够通过环道和主轴线到达场地内的所有地方（图4-13～图4-15）。

图4-13 弧线景观动线

图4-14 直线景观动线

图4-15 复合景观动线

二、功能的调整

景观设计的初稿方案需要经过多轮的调整和修改，特别是要根据委托方的意见，对场地的功能进行优化和调整。结合委托方的意见，深入思考场地的功能，将现有场地的特征与委托方的需要进行结合思考，争取实现最优化的设计效果。以南方某住宅小区为例，为了避免底层潮湿，在一层设置了架空层，景观设计方案原为设置健身场地，但是经过委托方评审，认为可在室外设置通长的风雨连廊，这样夏天能够避免强烈的日晒，冬季也可以在长廊内进行活动，所以景观设计师根据委托方的需要，将原先的架空层与风雨连廊进行连接，原健身功能改为休闲娱乐功能，人们可以在架空层进行下棋、练习瑜伽、喝茶等活动。

　　景观功能还会根据场地中需要解决的问题而随时调整（图4-16～图4-18），例如，场地中由于存在高差，为了尽可能扩大水域面积，减少土方改造的浪费，进行了场地高差改造，功能也就随之调整。

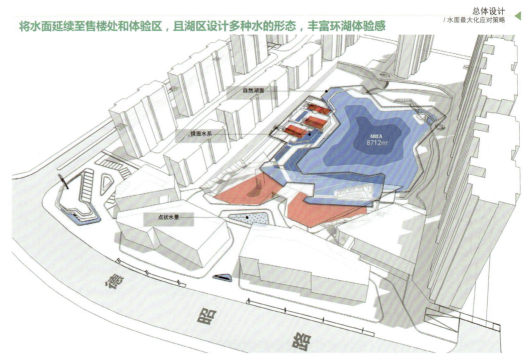

图 4-16　水面最大化

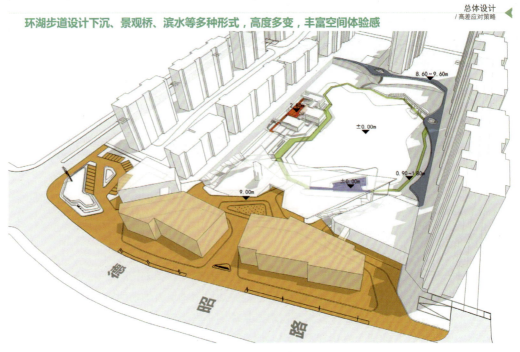

图 4-17　高差控制

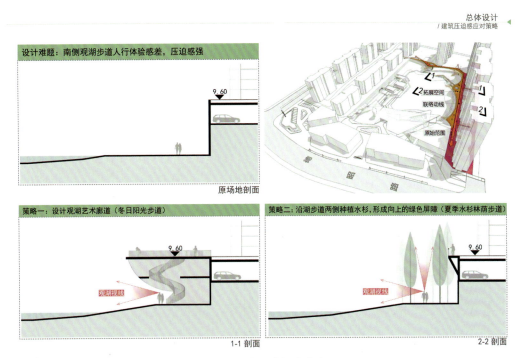

图4-18　高差的解决方案

三、效果的调整

效果的调整主要是基于动线和功能调整之后的结果，对于景观效果图而言，由于场地比较大，为了更好地说明设计意向，需要在鸟瞰夜景和日景效果图的基础上增加局部效果图，再根据需要进行效果图的展现（图4-19～图4-21）。

图4-19　前场效果图

图 4-20　商业效果图

图 4-21　效果图

四、成本控制

　　景观方案设计阶段是对成本进行有效控制的过程，如果不能有效地控制成本，在施工过程中建造成本必然增加。特别是一些雕塑、水景、特殊树种，如果不在景观方案设计阶段进行明确的约定和成本控制，施工时往往会出现采购的问题，使得设计效果受到严重影响。表 4-1 所示为一般项目的景观单方造价，表中对乔木的成本进行了严格的控制，但是水景和泳池的设计仍然抬高了整体景观的建造成本。因此在方案设计阶段必须明确景观各分类的建造成本，保证景观方案合理实施。

表 4-1　一般项目的景观单方造价

分类	面积比例 / %	单方价格预算 / 元	单方比例价格 / 元
硬景 石材	14	240	33.6
硬景 非石材	6	120	7.2
软景 乔木	0	152	152
软景 灌木	14	65	9.1
软景 草坪	33	10	3.3
车行道路	15	160	24
水景	2	450	9
泳池	3	1 400	42
架空层	5	800	40
其他设施	8	1 250	100
景观面积	100		420.2

　　植物的栽植一般选择在冬季，冬季植物处于休眠状态，挖根球对植物的损伤较小，而且由于冬季植物叶子已经脱落，进行植物迁移，植物到春季萌发更容易成活。但很多房地产开发项目由于工期的需要，往往会进行反季节栽植，严重地影响了植物的成活率。

　　住区景观应设置成人健身运动场地、儿童活动场地、老年人活动场地等，根据住区的需要和服务半径，设置相应的活动设施。具体标准和要求见表 4-2。

表 4-2　不同活动设施设置的具体标准

场地名称	设施内容	设计面积	设置要求	服务半径
成人健身运动场地	泳池、按摩池、篮球场、网球场、羽毛球场、慢跑道、乒乓球台、休息平台等	不小于 1.10 m²/户	按相应场地安全等规定设计，充分考虑日照及噪声影响，避免离住宅过近，可贴近商业用房布置；架空层配置应适当考虑设置位置或采取隔声措施	不大于 250 m
儿童活动场地	滑梯组合、单杠、秋千、摇摇椅（木马）、跷跷板、戏水池、认知区、沙池等	不小于 0.25 m²/户	按相应设施安全等规定设计，考虑日照及噪声影响，避免离住宅过近，不得影响住户；应同时设置成年人看护区	不大于 50 m
老年人活动场地	露天剧场、健康步道、锻炼器械、阅读休憩、棋牌活动等	不小于 0.25 m²/户	按相应场地规定设计，充分考虑日照及噪声影响，避免离住宅过近，不得影响住户；同时应充分考虑可达性和无障碍通道，跳操广场应远离住宅布置	不大于 200 m
其他功能场地	宠物活动场地	不限	豪宅宜设置，非豪宅可不设置；应布置在对住宅影响较小的偏远位置，独立场地	不限
	多功能场地	不限	按功能类别情况设置且不得影响住户	不限
合计	功能场地设计面积不小于 1.6 m²/户			

第三节 景观施工图及景观施工

一、景观施工图的内容

景观施工图是指导景观施工的图纸,包括平面图、竖向设计图、建园详图、种植图、配套设计图等图纸,不同的图纸(图 4-22 ～图 4-27)在制作中有不同的侧重点,具体内容如下。

1. 平面图

(1)平面线条应顺滑、流畅、协调;归家路线便捷,道路分级合理,并充分考虑车行、人行的交叉流线。

(2)应结合主入口设计明显的中轴景观,景观轴应有较强序列感、仪式感。

(3)景观轴两侧应为自然绿地,须结合种植物、微地形设计曲径、慢跑道、休息场所等。

(4)设计面积不小于 60 m² 的多功能区域,区域中不得有园林构筑物、种植物及其他设施,以满足多方面功能需求。

(5)单元入口前景观应用花钵、种植池、水景等进行空间限定,铺装应进行拼花设计。

(6)建筑单元入口雨篷下地面铺装设计应由景观设计单位负责。

(7)应对车库顶板出地面构筑物结合景观进行整体设计,保证与景观风格一致。

2. 竖向设计图

(1)整体微地形应起伏自然优美,坡度顺畅,层次丰富多变,无生硬突兀感。

(2)铺装面层的坡度设计不应倒泛水,须无积水,与建筑入口交界处地形堆坡考虑雨水倒灌的危险,必须设置排水沟或者雨水箅子。

(3)交通及游览路线应满足无障碍通行要求。

3. 建园详图

(1)小园路宜采用透水砖、烧结砖等生态环保型材料,材料颜色应以暖色为主。

(2)主要道路设计尽量设置立道牙,材料以石材为主,结合整体风格进行设计。

(3)残疾人坡道栏杆扶手应由景观设计单位进行二次设计,并须符合建筑规范要求。

(4)景观构筑物表面应使用木材、石材或金属铁艺,铁艺采用黑洒金、黑色配金色,或者铜色(青铜、黄铜),不得采用不锈钢、玻璃、铝制品。

(5)所有木质材料应选用碳化木或近似碳化木颜色的硬木。

(6)景观雕塑应与场地主题相呼应、造型和材质以甲方的需求为标准。

(7)凡涉及人使用的区域内,所有设施、小品等的阳角必须倒角或倒圆,或有相应的保护措施。

4. 种植图

(1)主入口、中心节点及单元入口等主要观赏面种植层次不得少于 5 层,分别为主干乔木、亚乔木、灌木、球类、地被。

(2)主干树、骨架树胸径不得低于 25 cm,品种不得多于 5 种,应为假植苗,全冠移植。

(3)点景树胸径不得低于 30 cm,应为假植苗,全冠移植。

(4)商铺背立面须进行绿化遮挡。

(5)亚乔木品种不得多于 7 种,宜成片栽植,形成气势,并须有两种以上开花树种、两种以上香花树种。

(6)灌木品种不得多于 10 种,宜成片栽植,形成气势,并须有两种以上开花树种、两种以上香花树种及两种以上观赏果树种。

（7）邻近住户、大门入口及单元入口不得选用松柏类植物。

5. 配套设计图

（1）儿童娱乐、运动健身设施须符合《大型游乐设施安全规范》（GB 8408—2018）的规定。

（2）须将用电总量数据进行统计，并反馈给市政专业。

（3）须有灯具意向图、灯具底座设计图。

（4）铺装中井盖应结合周围铺装设计成双层装饰型井盖，草地中井盖应设计为覆草型井盖，不得出现阴阳井盖。

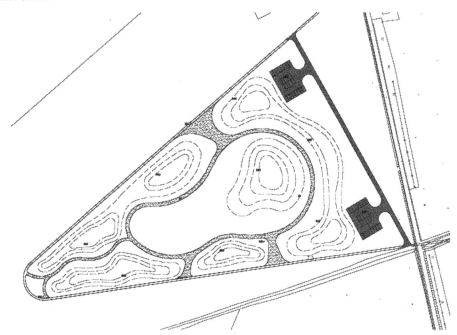

图 4-22　景观总平图

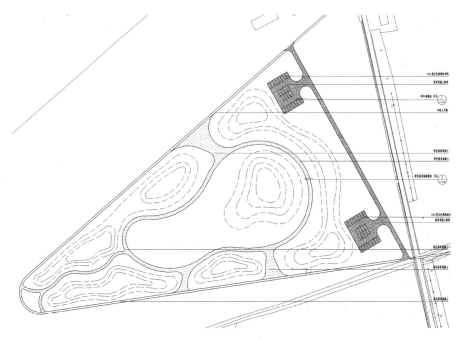

图 4-23　景观铺装图

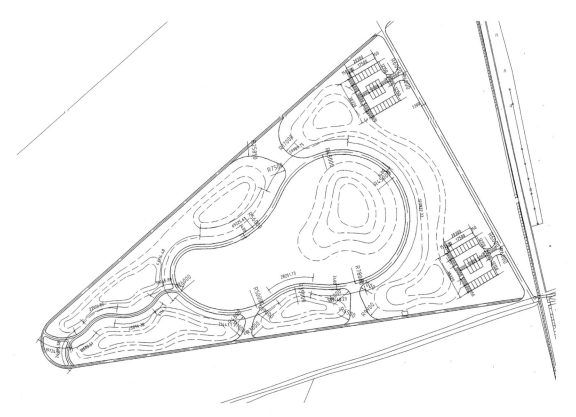

图 4-24 景观定位图

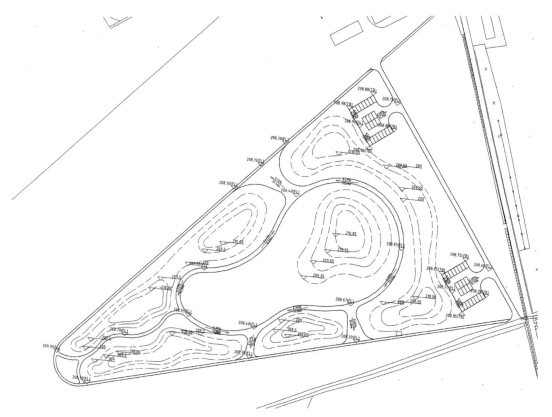

图 4-25 景观竖向平面图

图 4-26　景观绿化图

序号	名称	名称	面积	单位	高度	备注
1	百日草		1487	m²	0.3-0.5	49株/平方米,满值不露土
2	美女樱		1923	m²	0.3-0.5	49株/平方米,满值不露土
3	矮牵牛		3838	m²	0.3-0.5	49株/平方米,满值不露土
4	四季秋海棠		611	m²	0.3-0.5	49株/平方米,满值不露土
5	野花组合		9552	m²	0.3-0.5	撒杆,3-5克/平方米,不露土效果
6	草坪		14178	m²		草杆,成草率95%以上,黑麦草+早熟禾,不露土效果

图 4-27　景观绿化列表图

二、景观的施工顺序

1. 场地设计

景观工程施工的初始阶段,要对现场的场地进行平整,尽量减少土方量的移动。边坡护坡应考虑建筑与道路的关系。在道路入口处要考虑无障碍设计,步行坡度不应大于 8%,踏步尺寸一般为 130 mm×350 mm,车行入口处还需要设置必要的减速带和反光镜装置。道路纵坡为 10% 以内,连续坡长不宜超过 100 m,平缓路段与陡坡路段相交时,设置不少于 15 m 的坡度为 3% ～ 5% 的缓坡路段。停车场的坡度控制在 3% 以内。

2. 乔木栽植

在调整排水、交通道路以后,根据施工图进行乔木的栽植,由于乔木根植较大,在栽植后应设置抗倒伏设施进行支撑和保护。在栽植中,南窗不宜种植高大的常绿乔木,西窗宜种植高大的阔叶乔木。乔木栽植后进行交通道路的铺设,有水景的需要先进行水景位置的确定和形状的确定。根据路面材料和要求的不同,有沥青路面、混凝土路面、水泥砖路面、花岗石路面、砂石路面、木栈道、弹性橡胶路面等。路面铺设以后，设置边石，在无高差的道路收边处，石料和立砖外漏上口为 100 mm，木条外漏上口为 10 mm 或 15 mm。沿墙灌木宽度不宜小于 600 mm，在保障车行范围内不应栽植高于 1 m 的灌木。

3. 池塘施工

池塘的选址宜在远离茂盛树木之下，以避免落叶，并须注意输水管和电缆的位置。注意高差的变化和水准点的确定，避免在陡坡上进行水池的修建。如果想设计叠水、落水等水景，可以根据地形条件进行调整。

池塘施工需要先移走原始地面的草皮，或清理准备做池塘的地面，沿着要挖的池塘边界，挖 230 mm 深的浅滩，留 300 mm 的区域作为缓冲地带，再在其他地方向下挖，形成所需深度的池塘轮廓。通常情况下，养鱼的池塘深度需要至少 600 mm 深，锦鲤需要至少 1 500 mm 的深度。在挖出的池塘轮廓上铺设防水，一种防水为刚性玻璃纤维预制底衬或可塑性聚氯乙烯底衬，可以在市场上直接购买，但是形状比较固定；另一种是 SBS 沥青防水卷材，需要对卷材进行处理，搭缝处需加强以防止渗漏。防水边缘需伸出池塘边缘至少 60 mm，用石块或铺砖固定（图 4-28）。

池塘的具体施工步骤：用白沙或混凝土铺设池塘。表面干燥后，先注水，逐渐增加水量。至少一周后进行养鱼。池水氧浓度至少为 8 ppm，pH 值为 7.3 ～ 8.0。先放养一条鱼，成活后逐渐加量。池塘中养殖过多的鱼会造成过滤器负荷，也会给鱼带来危险。标准是每平方米养一条 250 mm 长的鱼，或是每 455 L 水中养一条 250 mm 长的鱼。锦鲤需要至少 3 m 的可游动长度和 5 m² 的表面积，锦鲤不喜欢水温急剧变化，因此水最深处可达 1.5 ～ 1.8 m，利于保温。如果水池深度难以达到标准，也可以挖 900 mm 深的水池，在水池边缘建造一面 600 mm 的挡墙。常见的锦鲤有浅黄、大正三色、红白、丹顶、秋翠、写鲤等品种（图 4-29）。

图 4-28 水池施工

图 4-29 锦鲤

4. 硬质铺装及草坪和花卉的种植

硬质铺装是景观施工中重要的组成部分，应在场地平整后，进行定位划线，根据施工图纸硬质铺装的造型和规格进行铺砌。铺砌前应进行设备走线和安装，调试完成后进行铺装。对于不同材质的硬质铺装，垫层的厚度和处理方法也有所不同，特别是有设备管线的位置，应做好防护。应注意硬质铺装的收边处理，避免后期铺装面被破坏。铺装完成后进行花卉和草坪的栽植，如果有雕塑小品的，在草坪完成后进行摆放。

5. 植物的养护和整体效果的调整

景观施工完成后应对植物进行养护，保证植物的成活率。参照景观设计效果对景观实际施工后的效果进行局部微调，对由于施工、材质等原因造成的破损材料进行替换，调试灯具设备，摆放景观设施，完成景观施工。

三、景观施工后效果整改

　　景观施工过程中及施工完成后交付之前，景观设计师和委托方要到现场进行效果的审核，按照景观方案的效果图和施工图进行现场核对。对现场效果与图纸不符合的应要求施工单位及时进行整改。如果现场按照施工图和效果图进行施工，但是委托方认为效果不能满足要求，需要进行效果提升的，需要景观设计师与现场工程、委托方及设计方进行协商，根据委托方的需要出具工程变更等文件，施工方按照变更的内容进行调整，调整后景观设计师和委托方仍要进行确认，保证景观施工效果达到委托方的要求。

◉ **课后训练** ···◉

　　根据所学内容，对特定地块的景观方案设计做功能分析图、流线分析图、确定方案主题、形成方案初稿。

第五章 | 景观案例分析

第一节 ● 住区庭园景观设计

　　住区庭园景观设计应首先确定景观的主题，本章中展示的景观实例是以生态植物园为主题的景观（图5-1）。主题确定后还要结合住区的主次出入口和人流、车流动线展开设计。

　　主题确定后进行场地的分析，根据场地的标高制定主题与场地结合的方案，根据方案进一步深化设计。场地的标高应将重要位置的高度控制好，按照场地的特征，进行整体性的统筹。高差较大的地方可以按照 1 m

图 5-1　住宅景观轴线设定

或者 2 m 进行高差分析，对于高差较小的区域，可以按照 500 mm 进行高差分析。地势比较高的地方适于建设土丘、亭等高耸的设施，利用地势的优势，强化视觉感受；对于地势比较低的地方，可以设计成水池，利用现有地形有利于减少土方工程量，更有利于生态环境建设。

　　根据场地的特征和主题，设计总平面图，总平面图是设计思路的综合体现，也是效果图制作的依据。总平面图要有各个区域的明确标示，包括植物的栽植位置、景观小品的布置方案。之后，可以开始制作效果图，正常情况下效果图要有鸟瞰和人行视线两个角度的效果，根据景观设计的复杂程度，可以增加效果图的数量。效果图说明时应标注出在总平面图中效果视点的位置（图5-2 ～图5-5）。

图 5-2　正确处理景观与建筑直接的关系

图 5-3　景观节点的设计与组织

图 5-4　从人的视角处理景观层次

图 5-5　利用高差丰富宅间景观效果

第二节　商业广场景观设计

　　商业广场景观设计要比住区庭园景观设计复杂一些，因为商业广场面积比较大，且具有商业性，所以在商业广场的景观中，经常会出现耀眼的颜色和多种材质的对比，用来突出商业氛围。在进行商业广场景观设计时，须根据所设计区域的位置分析出人流较大的方向为主要景观面（图 5-6）。

　　设计之前，景观设计师要到现场进行勘察（图 5-7），须特别注意现场是否有原生树龄较长的树木或者历史文化建筑等重要信息，结合设计任务书和现场情况做分析，进行更加合理、科学的设计（图 5-8）。然后，根据人和车的动线，对整个场景区域进行动线分析（图 5-9）。

　　对已有建筑进行功能分析，根据不同区域不同的功能设计不同的景观表现形式（图 5-10、图 5-11）。

　　商业广场的景观设计与住区庭园的景观设计一样，将前期的思考和分析用总平面图进行表达（图 5-12）。在总平面图上标明不同区域的景观设置、植物的种类、景观小品的布置及地面铺装、水景和雕塑的布置形式。

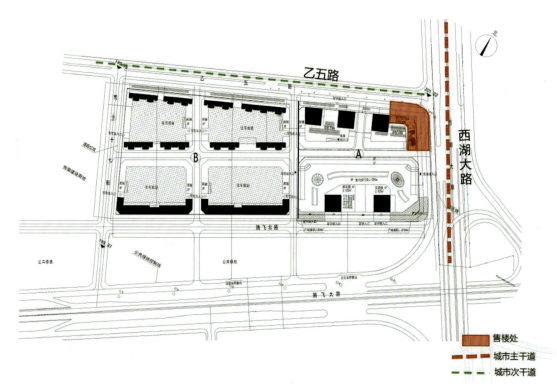

图 5-6　区位示意图

项目现状

图 5-7　项目现状

设计构思

建筑效果　　　　　　　　　　**元素提取**　　　　　　　　　**表现形式**

直线明显的建筑立面

外饰面装饰元素——穿孔金属板

外饰面装饰元素——凹凸金属板

设计直线条的表现形式从立面到平面的延伸，引导性强

从饰面提取特色铺装在地面延续立面建筑形式

从建筑饰面提取跳跃灵活的元素设计线脚活跃的景观小品，提升现代感和趣味性

图 5-8　设计构思

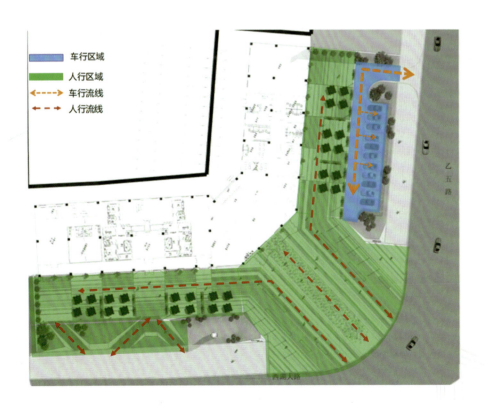

车行区域
人行区域
车行流线
人行流线

图 5-9　动线分析

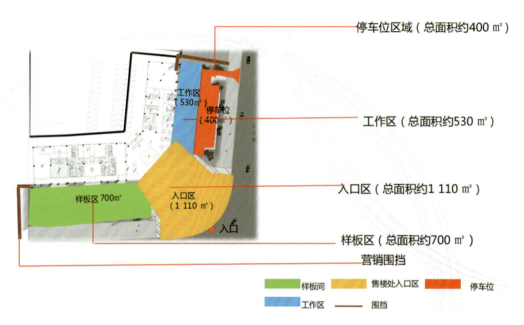

图 5-10　设计功能分析

功能分析

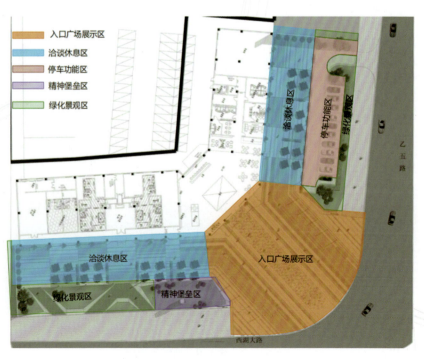

图 5-11　场地功能分析

设计构思

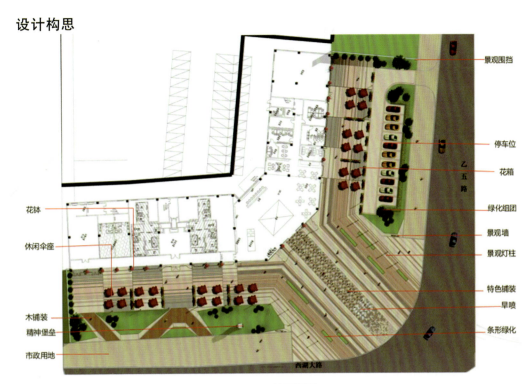

图 5-12 总平面图

花钵
休闲伞座
木铺装
精神堡垒
市政用地

景观围挡
停车位
花箱
绿化组团
景观墙
景观灯柱
特色铺装
旱喷
条形绿化

乙五路

西湖大路

　　最后结合总平面图设计效果图。完整的商业广场景观设计实例如图 5-13 ～图 5-26 所示，成本测算见表 5-1。

图 5-13 效果图（一）

图 5-14 效果图（二）

图 5-15 效果图（三）

图 5-16 效果图（四）

图 5-17　效果图（五）

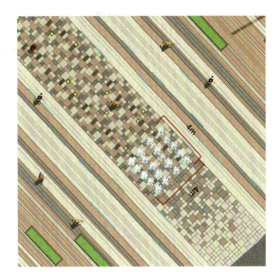

图 5-18　中心水景

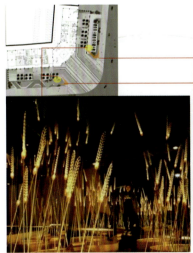

图 5-19　景观细节

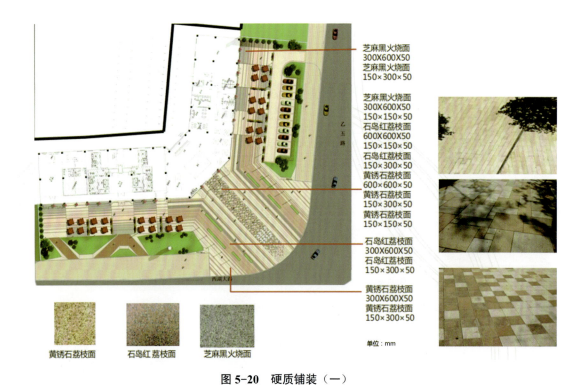

芝麻黑火烧面
300X600X50
芝麻黑火烧面
150×300×50

芝麻黑火烧面
300X600X50
150×150×50
石岛红荔枝面
600X600X50
150×150×50
石岛红荔枝面
150×300×50
黄锈石荔枝面
600×600×50
黄锈石荔枝面
150×300×50
黄锈石荔枝面
150×150×50

石岛红荔枝面
300X600X50
石岛红荔枝面
150×300×50

黄锈石荔枝面
300X600X50
黄锈石荔枝面
150×300×50

单位：mm

黄锈石荔枝面　　石岛红荔枝面　　芝麻黑火烧面

图5-20　硬质铺装（一）

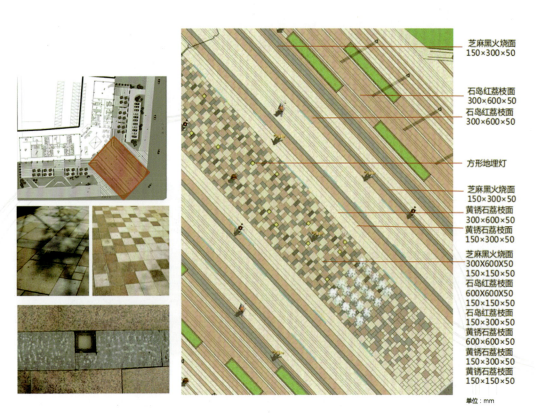

芝麻黑火烧面
150×300×50

石岛红荔枝面
300×600×50
石岛红荔枝面
300×600×50

方形地埋灯

芝麻黑火烧面
150×300×50
黄锈石荔枝面
300×600×50
黄锈石荔枝面
150×300×50

芝麻黑火烧面
300X600X50
150×150×50
石岛红荔枝面
600X600X50
150×150×50
石岛红荔枝面
150×300×50
黄锈石荔枝面
600×600×50
黄锈石荔枝面
150×300×50
黄锈石荔枝面
150×150×50

单位：mm

图5-21　硬质铺装（二）

图 5-22　景观小品

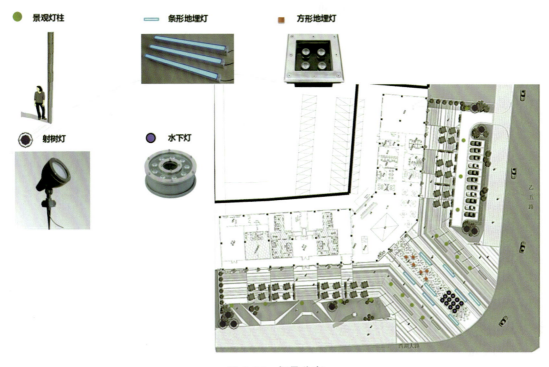

图 5-23　灯具分布

图 5-24 绿化植物

白蜡
山杏
桧柏球
青扦云杉
水蜡绿篱
水蜡球

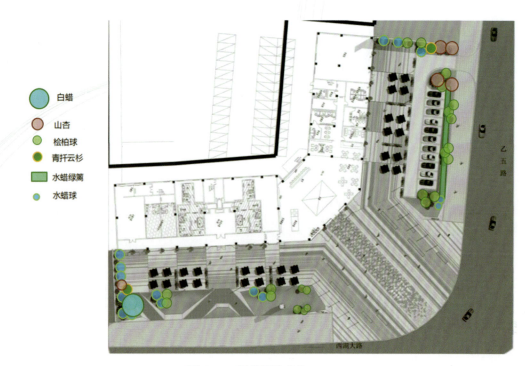

图 5-25 绿化植物点位

图 5-26　绿化植物品种选择

表 5-1　成本测算

序号	分部分项名称	单位	数量	综合单价/元	综合总价/元	备注
（一）	绿化部分					
1	绿化部分	m²	658	300	197 400	
（二）	硬质铺装部分					
1	石材铺装	m²	2 737	420	1 145 540	平均造价为 420／m²
2	木铺装	m²	100	500	50 000	
（三）	室外小品及设施					
1	垃圾箱	个	3	500	1 500	
2	组合花箱	组	13	3 500	45 500	
3	精神堡垒	个	1	150 000	150 000	
4	旱喷	m²	16	1 200	19 200	
5	花钵	个	29	3 000	87 000	
6	成品座椅	组	20	500	10 000	
7	庭院灯	个	13	1 500	19 500	
8	柱灯	个	10	1 500	16 000	

续表

序号	分部分项名称	单位	数量	综合单价/元	综合总价/元	备注
9	射树灯	个	9	240	2 160	
10	石材景墙	组	6	15 000	90 000	
11	地埋灯	组	42	120	5 040	
12	水底灯	个	16	500	8 000	
（四）				水电部分		
1	水电	m²	3 395	16	54 320	
	总造价				1 905 160	
	平均造价				561.166 21 2	
	景观总面积	m²	3 293			
说明	本次报价中综合单价为一次性包干价，含人材机管理费和税金规费等					

第三节　其他空间景观设计

　　商业空间、住宅小区空间中的景观设计是比较常见的景观形式。除此之外，广场景观、文娱场地景观、高架桥下景观等多种业态下的景观形式也是景观设计的重要内容。这些景观空间根据不同的功能需要，会对空间的组织和表达形式有具体的要求。例如，广场景观在设计的过程中应注重各个方向人流、车流的动线组织和重要场地节点的合理布局；文娱场地的景观应能容纳比较大型活动的场地和声光电的布置需求；高架桥下的景观属于近期比较受到关注，正在逐步被人们所重视的景观场所，图 5-27 ～图 5-30 是毕业生对高架桥下空间景观设计的探索和研究，在此作为对高架桥下景观空间研究的实例进行分享。

图 5-27　高架桥下景观长廊

图 5-28　高架桥下桥下儿童活动区

图 5-29　高架桥下酷玩区

图 5-30　高架桥下入口处

参考文献

［1］许浩. 景观设计从构思到过程［M］. 北京：中国电力出版社，2011.

［2］丛林林，韩冬东. 园林景观设计与表现［M］. 2 版. 北京：中国青年出版社，2016.

［3］金学智. 中国园林美学［M］. 2 版. 北京：中国建筑工业出版社，2005.

［4］关正君，李作文. 常见园林树木 160 种［M］. 沈阳：辽宁科学技术出版社，2006.